JN124595

浅田 稔の AI研究道

浅田 稔 著

人工知能はココロを持てるか

近代科学社

ま え が き

　本まえがき執筆時の 2020 年 9 月，新型コロナウイルスによるパンデミックの影響は完全収束ではなく，再ブレークする可能性を秘めながら，経済性とのバランスを取りつつ，なんとか対応しているというのが，正直な印象であり，人類そのものの存続に関する大きな問いかけがなされていると感じるのは著者だけではないだろう．ヒトという種が地球上で大繁栄し，超高度な人工社会を築きあげてきたにもかかわらず，生物という身体的拘束から逃れられず，苦しんでいる姿はある種の矛盾に映るし，また，大きな試練と考えられる．このような状況下で人工システムがどのように貢献できるであろうか？　もちろん，既存技術は現在利用されているが，ウイルスに効くワクチン開発などで，ビッグデータの利用，データの洗浄（ソフト的な意味），既存知識からの洗い出しなど，現代 AI が価値を発揮する場面は多々あると思われる．しかし，それ以上に，本来導入されるべきは，生物実態のウイルスに侵されない（ソフトウイルスを除いたハードウイルスフリーの）医療ロボットや看護ロボットだろう．患者や医者，看護師などに寄り添い，補助するためのハード的なメカに加え，心的支援可能な対話能力，ネットに接続された膨大なデータや知識に支えられた Q&A に加えて，他者（患者や医者，看護師）の意図の理解や，共感能力が本来発揮されるべきだが，まだ実用に至っていないのが現実だ．その意味で，急務である．これが，人工知能やロボット研究者に突きつけられた課題であり，挑戦である．著者はこの課題に少しでも近づける努力を重ねてきた．ただし，道なかばで先は遠い．

　現代 AI は，深層学習に代表されるように，大量のデータと超高速プロセッサーの力ずくによる量の課題を扱い，それまで出来なかった画像認識をはじめとする各種応用を生み出してきた．量が桁違いに増えることで，量から質への変換もなかば期待されるが，著者は懐疑的である．未来社会が近づきつつあるが，決定的に欠落しているのは，人工物との共生社会に必要な心的機能の実現，すなわち質の問題なのである．著者はこれを「ココロの創成課題」と称し，人間の心 / こころと同じような機能を人工システムとして実現することを目指し，長年研究を重ねてきた．もちろん，最初から，このような明確な問題意識があったわけではな

いが，漠然と人間の心の問題に興味があったことは確かである．明確に意識しはじめたのは，手塚治虫氏の『火の鳥：復活編』に登場する業務用ロボットであるチヒロのココロの表れ方にいたく感動したときかもしれない．それが，後年，浦沢直樹氏のリライトによる『プルートウ』に登場する人間より人間らしいココロをもったロボットたちに共感し，より強く意識することになった．もちろん，学部生時代は，曖昧模糊とした「ココロの課題」に対し，当時，パタン認識と呼ばれ，後にコンピュータビジョンに進展した分野において「機械でどうやって認識するんだろう？」という問題意識から画像処理の研究室に入った．その後，視覚情報だけを処理するだけでは認知の問題に迫れないとの認識に至り，強化学習の研究発表の公の場としての構想がロボカップに発展すると同時に，認知発達ロボティクスの提唱・推進と邁進してきた．この間，ロボカップからの社会構造変革への提案であるロボシティ構想やロボットを使った教育論などの提唱も並行して行ってきた．

　著者は，研究とは，自身を“研ぎ”，基本的課題を“究める”過程を楽しむことであると考えている．そして，多くの研究者との出会いが，研究を極める推進力になってきたと信じている．本書は，このような著者の研究道の過程で，「ココロの創成課題」に向けた“あがき”の歴史を振り返る．未熟な問題意識であった学部生や院生時代における動画像処理からロボットビジョンへの流れ，強化学習をとっかかりとして，身体性から情動，共感，そしてロボットの行動学習から認知の問題意識へ，さらに脳科学，神経科学，哲学，心理学，社会学を巻き込んだ融合から統合など，認知発達ロボティクスの提唱・推進の流れを追っていきながら，本書を通して，今後，どのような未来社会が描けるのかを読者と一緒に考えていきたい．これが，最初に述べた，新型コロナウイルス禍に対応可能な共生人工システムの設計につながれば幸甚である．人類と人工システムの共生が叶うならば，それが人と人の共生の質を高めることになると信じている．

　最後に，本書の出版に関し，辛抱強く見守っていただいた近代科学社の小山透氏，高山哲司氏に感謝します．

2020 年　長月

浅田　稔

（大阪大学名誉教授）

目　次

第 1 章　序章：哲学者 鷲田清一との語らいの中に研究の本質を見る　　**1**

1.1　座談会：哲学とロボットから語る教育の話 . . . . 　2

1.2　コラム 1：対談後のあとがきから . . . . 　17

第 2 章　はじまりは人工視覚の研究　　**19**

2.1　Out of sight, out of mind! . . . . 　19

2.2　コラム 2：二人の恩師，辻三郎先生と故福村晃夫先生 . . . . 　22

2.3　コラム 3：コンピュータビジョンの巨匠たち . . . . 　23

　　2.3.1　ビジョンチップとレンズ系繋がり：IIT のジュリオ・サンディーニ
　　　　　　(Giulio Sandini) 教授 . . . . 　24

　　2.3.2　アクティブビジョンの父，イアニス・アロイモノス (Yiannis Aloi-
　　　　　　monos) 教授 . . . . 　24

　　2.3.3　コンピュータビジョンの師匠たち：白井良明先生と金出武雄先生　　25

　　2.3.4　コンピュータビジョン時代からの大先輩，池内克史元東大教授 . . 　27

第 3 章　人間と人工物の間の関係に対する基本的な考え方　　**29**

3.1　思想的背景 . . . . 　29

3.2　再考：人とロボットの自律性 . . . . 　32

3.3　人間の自律性と機械の自律性に関する論考 . . . . 　34

3.4　自律神経系の意味 . . . . 　35

3.5　初期自己の概念 . . . . 　36

3.6　本章のまとめ . . . . 　39

3.7　コラム 4：K フォーラムの朋友：OIST の谷淳教授と札幌市立大学の中
　　　島秀之学長 . . . . 　40

第 4 章　身体・脳・心の理解と設計を目指す認知発達ロボティクス　　**43**

4.1　ヒトの初期発達 . . . . 　43

4.2　身体性の意味と役割り . . . . 　46

	4.2.1	脳神経系	47
	4.2.2	筋骨格系	48
	4.2.3	体表面	49
	4.2.4	身体性と認知	51
4.3	心の課題		51
4.4	認知発達ロボティクスの方法論		52
4.5	浅田共創知能システムプロジェクトの概要		53
4.6	本章のまとめ		55
4.7	コラム 5：JST ERATO 時代のグループリーダーたち		56

第 5 章　情動から共感へ **61**

5.1	身体性と感情・情動		61
5.2	共感の進化と発達		64
	5.2.1	情動伝染から妬み/シャーデンフロイデまで	64
	5.2.2	共感に関連する用語の図式的記述	66
	5.2.3	自他認知の発達と共感の関係	67
5.3	人工共感に向けた共感・模倣・自他認知の発達		68
5.4	予測学習規範による発達原理の可能性		70
5.5	本章のまとめ		71
5.6	コラム 6：表象なき知能のロドニー・ブルックス元 MIT 教授 . . .		72

第 6 章　脳神経系の構造と身体との結合 **75**

6.1	スモールワールド・ネットワークとレザバー計算		75
6.2	胎児の発達とそのシミュレーション		76
6.3	身体と脳神経の結合ダイナミクス		77
6.4	本章のまとめ		79
6.5	コラム 7：赤ちゃん学の仕掛人：多賀厳太郎教授と故小西育郎教授 . .		80

第 7 章　身体表現の獲得 **85**

7.1	身体表現の生物学的原理		85
7.2	身体表現の認知発達ロボティクスアプローチ		87
	7.2.1	自己身体の発見	87

    7.2.2　道具使用による適応的身体表現 88

    7.2.3　VIP ニューロンの働き：頭部身体周辺空間の表現の獲得 88

7.3　本章のまとめ 89

7.4　コラム 8：ロボットと生物の身体表現，ロルフ・ファイファー (Rolf Pfeifer) 教授と入來篤史博士 91

7.5　コラム 9：「手は口ほどに物をいい……」 92

第 8 章　共同注意の発達   97

8.1　ロボットと養育者の相互作用に基づく共同注意獲得 97

8.2　ブートストラップ学習を通した共同注意の創発 99

8.3　相互作用の随伴性を利用した共同注意発達モデル 102

8.4　本章のまとめ 103

8.5　コラム 10：「視覚と聴覚とどちらが大事？」視覚と聴覚の障害者の福島智東大教授 104

第 9 章　模倣と MNS   107

9.1　ミラーニューロンとは？ 107

9.2　新生児模倣の不思議 109

9.3　MNS の発達 111

9.4　本章のまとめ 114

9.5　コラム 11：ロボットを使った計算神経科学の大御所，川人光男博士 . 115

第 10 章　人工痛覚と共感の発達   117

10.1　人工痛覚 117

    10.1.1　痛覚神経系 118

    10.1.2　ロボットへの痛覚神経系の実装 119

10.2　感情の始まり 121

10.3　初期の共感発達モデル 122

10.4　共感行動学習モデル 123

10.5　社会的関係性の学習モデル 125

10.6　本章のまとめ 126

10.7　コラム 12：玉川大学名誉教授塚田稔画伯 127

第 11 章　音声の知覚と発声の発達過程　　129

11.1　母子間相互作用による言語獲得過程の課題 130

11.2　音声の知覚と発声の発達における身体性と社会性 132

11.3　初期言語発達に関連する計算モデル 133

11.4　身体構造の異なる他者との母音の対応学習 134

11.5　本章のまとめ 138

11.6　コラム 13：トリのうたからヒトのことばへ：岡ノ谷一夫東大教授 . . 140

第 12 章　言語獲得の過程　　141

12.1　顕著性に基づくロボットの能動的語彙獲得 141

12.2　対象物体向けの行動学習に基づく語彙獲得 143

12.3　複数モダリティを利用した言語獲得 144

12.4　日本語，英語，中国語の言語構造を反映した幼児の統語範疇の獲得 . 145

12.5　本章のまとめ 147

12.6　コラム 14：言語進化の巨人，テレンス・ディーコン (Terrence W. Deacon) 149

第 13 章　自己認知・身体表象と社会脳解析　　151

13.1　自己顔認知と身体認知の発達過程 151

13.2　多様なエージェントとの相互作用がもたらす異なる社会性脳の解析 . 153

13.3　本章のまとめ 155

13.4　コラム 15：潜在脳科学の達人：カルテックの下條信輔教授 156

13.5　コラム 16：夢を育む SF 作家，そしてサイエンスジェネラリスト瀬名
　　　　秀明氏 157

第 14 章　エピローグ：ニューロモルフィックダイナミクスへの旅立ち　　161

14.1　総括として 161

14.2　ニューロモルフィックダイナミクス 162

14.3　コラム 17：日本のカオス界の大ボス，中部大学の津田一郎教授 . . . 164

関連図書　　167
あとがき　　181
索引　　182
人名索引　　185

第1章 序章：哲学者 鷲田清一との 語らいの中に研究の本質を 見る

　本書では，著者の研究の歴史を語っていくが，認知発達ロボティクス（第4章参照）を提案して少し時間が経ち，その本質をおおよそ自分でもこなしたと思っていた頃に，元阪大総長で当時は，大阪大学大学院文学研究科教授の鷲田清一氏（臨床哲学）との対談が2002年12月に行われた．その対談記事を紹介したい．この記事は，大阪大学の広報誌であった『創造と実践』2003年第3号[1]に掲載された．司会は当時，教育広報専門委員会委員長で工学研究科教授の長谷川和彦氏であった．当時の著者の思いの丈を語っており，本書の序章とした．当時の浅薄な知識で語っている部分や，それゆえ正確でない部分もあるが，ご容赦願いたい．

図 1.1: 『創造と実践』2003年3号の座談会記事「哲学とロボットから語る教育の話」より

---

[1]大阪大学全学共通教育機構 教育方法研究委員会（編集）：『創造と実践』第3号, pp.2–10, 発行年月日：2003年3月24日, 教育広報専門委員会発行：大阪大学全学共通教育機構.

1.1　座談会：哲学とロボットから語る教育の話

長谷川　本日はお忙しい中，お二人の先生，ありがとうございます．鷲田清一先生は『「聴く」ことの力』などの著書で知られている，臨床哲学者でおられます．私は先生のこの著書を読ませていただいて，あとがきに書かれておられました小学校の授業のひとこま，「古い卵と新しい卵」[2] という話に非常に感動し，ここに教育の本質を見たような気がいたしました．浅田先生は，ロボットによるサッカー競技「ロボカップ」[3] を提唱され，ロボット同士の協調とか学習などの問題に取り組んでおられます[4]．私が感動しましたのは，研究のみならず，そういうことを通して若い人たちにロボットの楽しさを教え，夢を与え続けておられることです．私は全学共通教育機構のガイダンス室の担当教官でもあり，一年生に自律走行ロボットという授業を行っております．受講生にはロボットの研究をしたいと言って入ってきてる学生が非常に多く，浅田先生の影響を非常に感じております．

　本日はお二人の先生方から，「哲学とロボット」という一見相反するような組み合わせから，共通するお話と，教育に対する先生方のお考えをお伺いしたいと思っております．それではまず，教育に影響を受けたという観点から先生方の生い立ちについてお伺いしたいと思います．

お寺と遊郭から学んだ世の中の見方

鷲田　僕の場合は反面教師というか，習った先生には申し訳ないんだけど，ずっと先生に反発して自分を作ってきたというところがありますね．中学の終わりぐらいから大学院まで．だからあまりいい話じゃないんですけど．

　いい話からしますとね，僕は京都の下町で生まれ育ったんですね．大人になるまではずっと下京区，西本願寺の少し北で育ったんですけども，歳いって自分が哲

---

[2]鷲田清一氏の著書『「聴く」ことの力』のあとがきで，鷲田氏が発達心理学者の浜田寿美男氏からお聞きになり，非常に感銘を受けた話の一つとして紹介されている．

[3]1992 年，北野宏明氏，浅田稔氏らの提唱によって，ロボット工学と人工知能の融合・発展のために提唱された自立型ロボットによるサッカーの大会のことで，1997 年に第 1 回世界大会が名古屋で開催され，2002 年には第 6 回ロボカップ世界大会が福岡と釜山（韓国）で開催された．2050 年には，FIFA のワールドカップのチャンピオンにヒューマノイドリーグのチームが勝つことを目標に掲げている．

[4]1953 年滋賀県生まれ．大阪大学基礎工学部卒業，同大学院博士課程修了．基礎工学部助手，工学部講師，助教授を経て，大阪大学大学院工学研究科教授．専攻はロボット学．

学という学問をずっとやってきた中で振り返ると，意外と自分が育ったところは，意味があったかなって思うんですよ．僕が育ったところは西本願寺の北，島原の東で，お寺と遊郭がすぐそばにありました．遊郭っていうのはやっぱりきらびやかにそして美しい，歓楽の世界っていうイメージがあるでしょ．それからお寺にいる小僧さんなんか見てるとね，地方から出てきて修行をして厳しいなって思うじゃないですか．禅宗なんかだったら毎日朝4時とか5時にオーッてね，托鉢です．鉢を持って夏でも冬でも着物一枚でわらじ履いてその日の朝ご飯のお米を請うて歩いてらっしゃるわけですよ．それにみんな昔はお米入れて，それを持って帰って召し上がられるんで「ああ，厳しい世界だな」って思ってたんですね．でもそこに住んでるとその裏側も毎日見てるんです．つまり，遊郭であんなに締麗な格好をして美味しいもの食べて，お酒飲んで，踊って，歌ってっていう人がお座敷の始まる前に，まず洗面器持ってお風呂に行ったあと，お宮で願掛けてらっしゃるんですよ．それは，「郷里に早く帰れますように」っていうお願いなんですね．だからね，あんなきらびやかな世界なのに，仕事前にはそんなことをお宮さんで願掛けてらっしゃるという，哀しい情景を見てしまうわけですね．他方お坊さんのほう，修行僧っていうのは「ああ，厳しいな，あんなはだしで」とか，「質素な格好して」って思うのに自分のおばあちゃんとかから聞かせられてたのは，あの人たちは一番みすぼらしい格好をして粗食だけど，本当は「浄土」っていうすごい幸福な世界を知っているんだよって．それが僕の原点になっているんです．世界を見たときいつでも二重に見る癖，つまりものすごいきらびやかな世界を見たら，その背後にあるものすごい哀しいことが見えてしまう．逆にすごく質素に見えるシーンを見てても，実はそれが，僕ら俗人が知らない，あるすごく綺麗な，あるいは幸福な世界を実は持っているっていうことをね，両極端ですけどね．哲学っていうのは，人を見る時にあることが見えてもそれと反対のものが二重写しに見える，つまり見えている物だけを信じないっていうところがあるんですが，今から思うとそういう見方っていうのは，僕が子供のときについたかも知れないなって思うんです．

　だから僕にとっての一番の本当に深い教育っていうのは「町」でしたね．そういう意味じゃ，学校では「あんなになりたい」っていう先生と出会うことはなかったんですね．

　いい先生はいっぱいいらしたけど，その中で覚えてる先生が二人いて，一人は

3

大嫌いな先生．遊びほうけてたんで僕が高校三年になった始業式の日に，担任の先生に「お前は二浪したって一期校には入れんぞ」って言われたんですよ．それですね，勉強するきっかけになったの．もう一人は，高三のときのものすごく怖い数学の先生．学究派でいつも職員室ではフランス語でブルバキ[5]とか読んでおられる先生で，すごいなとは思うけれども近寄り難い人だったんですけどね．学校の帰りふっと先生の自動車を覗き込んだら，お経が置いてあるんです．「え？なんでやろ」と思ったら，その半月ぐらい前に坊ちゃんを亡くしてらしたんですよ．僕らと変わらない年の．でね，それ聞いて僕，目剥きましてね．僕毎日授業受けて，それ全然気付かなかったんですよ．彼はそういうことを全部隠して，ただ教室では数学を教えるっていうことに徹した人で，僕それに本当にびっくりして，それが見抜けなかった自分を「なんて子供なんやろな」と思ったし，逆にその先生を「大人ってこういうものなのか」って思って，ものすごいそれはショックでした．その後も相変わらずその人とは，最後まで一度も私的な会話は交わさなかったけど，なんか友達のように同じ目の高さでしゃべってくれる先生より，いまだにその先生が信じられるっていう感じ．ちっともあこがれなかったけど二人は非常に具体的に僕に勉強に駆り立てたし，もう一人の人は「先生ってこういうもんか」って「大人ってこういうもんか」っていうのを教えてくれたっていうのは，僕の学校の貧しいながらも忘れられない経験ですね．

長谷川　すごい強烈なお話ですね．

教育とは追いつめて問題意識を持たすこと

浅田　僕も先生で何か感心して感銘を受けたっていうのはあまりないんです．

長谷川　浅田先生，そうしたらちょっと生い立ちからしゃべってもらえますか．

浅田　ポジティブな意味でっていうか，僕四人兄弟の末っ子で上に三人いて，わりと大人しめに育てられたんですね．末っ子なんですけど，大人しめっていうかいい子ちゃん．だからいわゆる秀才タイプで小学校からずっときてて，ネガティブな印象で言うと，絵が好きだったんでよく絵を描いて，市の展覧会に毎年入選してました．絵に自信があったとは言いませんけど．あるとき担任の先生がお休

---

[5] 20 世紀中頃，フランスの数学者アンドレ・ベイユによって名付けられた数学者のグループ．真理は一つであり，それは還元主義的方法論で実証できるという立場をとった．それまでの数学の集大成として『数学原論』を編纂した．

みして別の先生が来て，写生会でみんな外に行って，複雑なものを描きなさいと言われましてね．僕は枯葉の一番肝心なところの複雑さを描こうと思って描いてたら，その先生に頬っぺたひねられてね，「そんなもん描くな」とか言われて，かなり反発しました．だから，教育っていうのは，これですよ，こうなんですよって明確に言われてやれるもんじゃなくて，むしろもう少し語れる，つまり能動的にその問題意識を掘り起こすような環境を作っていくのが教育ではないかと仄かに思いました．

鷲田 浅田さんはどうして理系を，いつ頃から理系に進むことに？

浅田 なんとなくですか，あんまり意識してなかったですね．文系理系の適性で言うと真ん中ぐらいです．ただ小さいころから親兄弟に影響されて，兄貴が理系で「あ，それじゃあ理工系かな」っていうぐらいしかなかったですね．あんまり強いモチベーションはなかったですね．

長谷川 子供のときの鉄腕アトムとかがきっかけになってないんですか．

浅田 いつもそんな話になりますね．「いつ頃鉄腕アトム作りたいと思いましたか」って．僕は「人間って何か」っていうのは，かなり昔から漠として持ってた課題ではあったと思うんです．それを明示的にロボットというかたちで表現しようなんていうのは，ごく最近の話で，子供のときに明示的には何も思ってないですよね．絵の話で言うともう一つ，中学校の二年のときに写生会があり，やっぱ派手なとこみんな選ぶんですよね．僕，反発屋っていうか，人と同じが嫌いやから，みんな見向きしない斜面で暗いところを描こうと思ったんですよ．ただもともとサボリ屋やったから，「まあ，ええわ」って遊んでいながら，あと十分か二十分でおしまいやぞって言われて，ワーッと殴り書きしてね，これは怒られるかなって出したんですよ．ほんなら，全員の絵を貼るときに，僕の絵になんか赤い札がペッと貼ってあるんですよ．「これは怒られるわ」と思ってね，やっぱ怒られるかと思ったら違う．「これええんや」って言われて，何がええんかよう分からん．美術の先生の娘さんいてはって，その娘さんの描いた絵は僕が感動するぐらい美しかったのにね，札がついてない（笑）．そうすると指針失うんですよね．「どないしたらええんやろ」って．ほかのやつでも一回スケッチ描いて，えらい美術の先生が褒めてくれてたんですね．それで，同じパターンでもう一枚描いたら「全然ダメや」って言われて．

鷲田 それおもしろいですね．「どないしたらいいんやろ」っていうとこに追い詰

5

めるっていうのが.「どうしたらいいんやろ」って追い詰められるっていうことは,そこから退散しないということでしょ. 一番根本的な疑問にさらされるじゃないですか. いい絵ってどういうものなんやろかとかね. 何がよくって何がいかんねんやろって（笑）.

身体イメージを作るのは脳！

浅田　ラマチャンドランっていう UC サンディエゴのお医者さんが書かれた『脳の中の幽霊』[6]っていう本があるんですけどね. その中で身体イメージについてのおもしろい例が書かれてあるんです. それは, 本当は三人でやるんですけど, こうやって目をつぶってお互い相手の鼻に指をおきます. 僕が例えば長谷川先生の鼻に指をおいて, 長谷川先生は僕の鼻に指をおいて, それから指をお互い同期させて相手の鼻をさするんです. こうやってピッて. そうすると自分の鼻がビューッと伸びたように感じる. 本当に感じる. これは要するに身体イメージって呼ばれるやつで, 自分の身体ってどうやって認知してるかっていう, 根源的な話なんです. 結局, 自分が出してるモーターコマンドを裏切らないような知覚が得られると, それ全部身体になり得るんです.

鷲田　リアルな身体感覚.

浅田　リアルをどう定義するか難しいんですけど, 結局ロボットにとってみれば自分が持ってるセンサー空間, 知覚空間で矛盾のないものが, つまり自分の出したモーターコマンドを裏切らないものが自分だっていうことなんです.

鷲田　整合性のあるもの.

浅田　そうです. お猿さんで実験やってる脳科学の先生がおられるんですけど, お猿さんが道具を持つと道具はお猿さんの身体になるんです.

鷲田　人間でも？

浅田　人間でもそうです. これは脳に電極突っ込んでしか調べられないんで, 人間ではできないんですけど, 道具を持ったら要するに指を動かすと道具の動きって

---

[6] 1998 年に, V.S. ラマチャンドランによって人間の脳の中での認識のしくみについて書かれた書. 一時的に幻肢と呼ばれる感覚をもつ人々, 例えば, 切断された手足がまだあると感じるスポーツ選手, 自分の体の一部を人のものだと主張する人など, 著者が出会った様々な患者の奇妙な症状を手がかりに, 脳の仕組みや働きについて考察するとともに, 様々な仮説をたて, それを立証するための簡単な実験が提示されている.

いうのは，自分のモーターコマンド裏切らないんで自分のものになるんです．おもしろい実験があって，お猿さんが道具を使ってバナナを取るんですね．そのときに道具の先がちょうど自分の指先になるような視覚イメージが脳の中にできる．だけど，バナナがすごく遠くにあってどんだけ伸ばしても取れないときは，道具を持ってもそのイメージは出てこない．視覚イメージっていうのは動的に変わりうるんです．それを今我々はロボットで，そのボディスキーマとボディイメージを統一的に扱うような学習方法で，触りながらこれやって，あれやって，っていう実験をやってるんですけどね．

長谷川 すごいね．おもしろいね．

浅田 だからリアルって何かって，まさしく相手をだませたらもうリアルですよ．

鷲田 それは有名な精神医学の例がありますね．幻肢[7]っていう．

浅田 『脳の中の幽霊』に出てきますね．

鷲田 つまり交通事故とかいろんな別の突発的事故で，突然手とか足とか無くした方が，半年ぐらい，手がもうないにもかかわらずこの辺が痒くなったりね，痛くなったりするんですよ．元手があった場所がね．あれは長くても半年ぐらいになると消えていって，自分の体の端っこがここまでに戻る，新しい体のかたちまで戻る．

浅田 大脳皮質のほうにイメージがマップされてて，すぐには消えないんですよ．いくら腕が無くなっても．

鷲田 そうするとリアルな体より，腕が無いほうの体，つまり幻影のほうがリアルになってきて，あなたの体ここで終わりですよって言われても，実感持てないんですよね．

浅田 鏡使ってね，鏡で見ると納得して消えちゃう．

鷲田 おもしろいですよね．それ精神分析とも似てるわけでね，自分の苦しみっていうのがこうこうこうこうってある種の物語として理解できれば，突然そのこだわりが消えてしまうっていうことがあるのと似てますね．

浅田 だから本当はフィジカルに痛いはずのものが痛く感じないとか，想像妊娠で本当にお腹が大きくなってくるとか．

鷲田 犬は多いんですってね，想像妊娠．人間固有のものじゃないんですって．

---

[7]切断手術などで失われた手足がまだあるかのように感じる感覚のこと．

浅田　おもしろいのは想像妊娠の女性がいてね，結局これ本当の産婦人科の先生もだまされてしまう．本人はいたってリアルなんですよ．おもしろいことに，最後はやっぱり分娩室連れて行ってそれらしきオペやるんだって．大体は，そこでお医者さんが「死産でした」って言うと本人納得するらしいんです．

鷲田　納得が大事なんですね．

浅田　ところが三日後，また妊娠しましたって（笑）．ほんとおもしろいですよ，あの本は．いかに人間の脳ってのがだまされやすいか，つまり我々がだまされやすいかよく分かります．

鷲田　教育もそうなりません？　だましに．

浅田　まさしくそうですよ．

鷲田　だから教育っていうのは知識伝えても意味がないんで，本人が納得しないといけない．でもその納得が死産でしたっていうのと同じだったとしたら，ちょっと結構教育はだましになりますね．

ロボットは傷つきますか？

鷲田　じゃあね，ロボットは傷つきますか？

浅田　そこです．そこが問題なんですよ．痛みをどう感じるかって言うのが．

鷲田　記憶ぐらいはね，いくらでも蓄積できるかも知れないけど，傷つくというのは……．

浅田　いや僕，記憶でもそうだと思うんです．我々の記憶っていうのは静的なものじゃないですよね．必ず過去は美化されますよね．最初にアメリカ行ってどんだけ悲惨な思いしたかって，今は我々しか言えない．必ず美化される．

鷲田　なるほど．記憶もか．

浅田　記憶の中って，どんどん上書きされて変わっていきますから，僕はスタティックなイメージではないと思います．傷つくっていうのは，まさしく本質的ですよね．他者の痛みって，基本的に絶対分かり得ない．なのになぜ分かり得るかっていうと，勝手に誤解してるわけです．ロボットが人間のかたちをしているのは，そこにトリックがあって，かたちが似てるってことが理解の本質につながるんです．要するに，分かるってことは一体何かってことですよ．それは基本的には自分が何かそれで再現することによって，自分としても経験してて，それが相手の中に

見えてしまうみたいなところがあると思います．だから血を流したことのない人は，血を流したことに対する痛みを感じ得ないわけで，別の意味で情報として入ってくるしかない．例えば死なんてそうですよね．主観的に感じたらおしまいですよね．

鷲田 そのとき死んでる．

浅田 客観的にそういう情報として伝わってきて，我々は死を意識する．死に至る経過も意識する．痛みなんてまさしくそうですよね．だから今ロボットに欠けてるのは，痛みをどう認知するか，つまりこの痛みは自分は朽ちていく，死んでいくことを意味するってことをどう認知するかなっていう課題ですよ．

鷲田 痛みにももう一つあって，自分が老いていくとか滅びていくっていうこと自体の痛みともう一つはトラウマですよ．つまり過去のある体験が傷となって今も自分で気づかないところで自分をさいなんでるっていうか，自分を動かしてしまってるっていう．ロボットにトラウマが出るとおもしろいですね．

浅田 まさしくそれは理想，と言うのはおかしいですけど，トラウマっていうのはいわゆる海馬を萎縮させるみたいですね．それによって記憶障害っていうか，つまり記憶を意識的に隠してしまう．話を戻すと，基本的には痛みを感じる自律神経と，時間の感覚によってそれは変化してくっていう認知過程みたいなものを体験しないと，相手が痛いと思ってるかなんてのは分かんないですね．それはもうものすごく本質的なことだと思いますけどね．

鷲田 時間に関してはね，未来予知っていうことはある程度可能だろうし，つまり新しくその都度その都度出てくる未知のシチュエーションであっても，予知っていうのは過去の経験をフィードバックすればできますから分かる感じがする．記憶っていうのもある種蓄えていったらできるのかも知れないけど，思い出っていうのは？

浅田 思い出？

鷲田 記憶っていう風にストックされてるもんじゃなくて，ついあれを思い出してしまうというようなことがあるとおもしろいですね．

浅田 ある種のトリガーがかかって，いろんなことを思い出す，思い出すっていうか想起する，イメージする．ただね，記憶，それから未来予知，未来予測にしても，簡単なことはある意味で恣意的に作ってしまい，できてしまう．それを根っこから，つまり明示的でないプログラミングでやろうと思うと，そんなに簡単で

はありません．我々のスタンスっていうのは明示的に直接的にロボットの中に書き込むんではなくて，ある種のロボットの埋め込みはやりますけども，それ以外は外側から，いわゆる環境から情報を与えるしかなくて，その情報をロボットがどう受け取ってくれるかは我々は関知し得ないっていうところがあります．

鷲田　異変が起こる気配とかは？

浅田　分かんないんですよね，やっぱり．ロボットが何を感じてくれてるかは知り得ないっていう仮定を置いてます．ですから記憶はスタティックなものじゃなくて，記憶を保持するモチベーションそのものも含めてあるだろうし，思い出には自分の価値観のようなものも必要ですよね．好みのようなもの．

鷲田　こだわりとかね．

浅田　こだわりとか，好みみたいなもの．そういったものがどういうかたちで生まれうるか，特にエモーションですね．つまりどういうかたちで俺はここのバッテリ嫌いだとか，こっちのバッテリのほうが好きやっていうのが，どういうかたちで生まれるのかっていうことを考えないと，あなた幸せ私幸せなんて共有できないわけですよね．だから共有するっていう根本原理はコミュニケーションの過程と同じで，自分が信じるものは相手が信じると自分が信じるしかないです．ってことは相手も自分と同じように感じてるっていう錯覚をしないといけない．つまりロボットと共生するためには，ロボットが人間と同じように考えてると人間が信じるようにロボットが振る舞わないといけないわけですよ．そうしたことをやろうとしたときに，明示的に書ける限界っていうのはすぐにきてしまう．ロボット自身が自らがそれを意識するそういう行為ができるような枠組みって一体何か，結局人間が持ってる基本原理みたいなものをちゃんと分からないといけないことになります．

鷲田　なるほど．

いまの教育体制ではロボット研究は無理 ?!

鷲田　お話聞いてて，ちっともロボットの話を聞いてる気がしない．ほとんど人間の話を，人間とは何かという話を聞いてるような感じですね．

浅田　僕自身は人間って何かっていうのを理解したいという意味で，ロボットの研究をしてるんです．

鷲田 また教育の問題に戻るけど，今ロボットの研究しようと思うと，ここでロボットっていうのは僕が最初に抱いてたイメージのロボットではなくて，浅田さんにお伺いした限りでのロボットの研究しようと思うと，今の教育体制では無理ですね．

浅田 そうです．それはもう全く無理です．

鷲田 絶対無理です．その理由ははっきりしていて，今の教育は例えば試験入試のときでも試験のときでも，エクスプリシットなもので勝負させるんです．それでね，僕自身も受験の最初の世代ですから分かるんですが，模擬テスト，入試問題配られたときに何を考えるかっていうと，まずすぐに答えられる問題それから，自分には解けない問題あるいはすぐには解けない問題を選別するんですね．時間が限られてるから，点数取るためにはまず分かることで勝負するんですよ．でも，人生でも科学の発達でも政治でも，一番大事なことは答えが見えない．すぐには分からない．分からないものと分からないままにどう向き合うのか，どう対処するのか，それが本当の知恵じゃないですか．ということは今の受験勉強っていうのは，それこそ文部科学省の好きな言葉やったら「人間の生きる力」っていうものをそぐほうにそぐほうにやってきた．今の官僚だってそうだと思うんですよ．世の中にはいろんな問題，例えば介護問題，生死の問題，環境問題など人間にすぐ答えが見えないいろんな問題がいっぱいあるのに，それらを分かる範囲のとこにその問題を還元して，小さくしてしまって，そして分かる問題を隅々まで百点満点で解決しようとするけど，それは問題をずらしてね，分からないものを分かるものに還元したところで勝負してるだけで，結局なんの解決にもならないと思うんですよ．

浅田 はい．おっしゃる通りだと思います．僕が危惧してるのは，ロボット研究者の中で今のようなトピックっていうのは，超マイナーだってことです．大半は今おっしゃられたのと同じで，分かったことしか教えないっていう教育をやってるんですよね．ロボットの意識とか認知の問題ってのをやろうとすると，すごくギャップがあり過ぎるんですね．教えちゃいけない部分，つまり答えがない部分ですから．特に欧米でいくと，デカルト (René Descartes) 的発想で近代科学的な発想で全部やるわけですね．今のロボットの論文もそうなんですけど，分かったことしかやらない，それしか書かないようなとこがある．だからむしろ，落ちこぼれの学生のほうがいいんですよ．

鷲田　ねえ．哲学はそうなんですよ．哲学いうのはね，全部できる学生っていうのは絶対つまんない．高校時代から数学もできないし生物もできないけど，なんかこれやらすと，ガーってやってしまう．そんな学生が一番有望なんです．だから高校時代の優等生は哲学に向かない．

浅田　ロボットにも向かないですよ．僕は小学生とか中学生向けの講演会やらされるんですが，小学生や中学生，目がらんらんしてる．やる気があるというかモチベーションがある．ものすごく．興味持ってくれるし，すごく質問が来るんですよ．ワッて．高校生になったらピタッと止まる．これは本当に駄目にしてるなっていう気がする．

鷲田　大学に入ってくる子はみんなそうだっていうことになりますね．

浅田　なります．だから今度はそれこそ逆にだまさなあかん．だますのは悪いですけど，もう一回だます．

鷲田　そっか．大学ってだまし直すとこか（笑）．

浅田　僕そう思うんですけどね．変なだまされ方してるんですよ，今まで．今の子供たちは答えがあるものの問題しか解かないっていう習慣がついてて，それがずっと学問に続いてるんですね．僕は大学に入ったときに，高校までは答えのあることをやったが大学は答えがないことをやれって言われて，僕はそうやと思ったんです．今の大学は学部まで答えのあることしかやらない様になってしまったんです．だから，なんか「これやって，これやって，これやりましょ」じゃなくて，「なんかやりたい」っていうモチベーションができることが大切．

鷲田　そうなったらしんどいことでもやりますもんね．ギリシャ語だってやるもん．

浅田　そうですね．だからやんなきゃいけないのは，まずモチベーション作るトリガーをかけなきゃいけないと思うんですよ．もういつもよく言うのは，ロボットって子供たちの教育に一番ぴったし．なんでかって言うとね，大学に入るとね，工学部の機械工学，電気・電子工学，コンピュータサイエンス，要するに機械系，電気系が全部バラバラになるわけですよ．ところが日曜の朝7時半か8時ぐらいにタミヤ RC カーグランプリっていうのがあるんですけど，タミヤのミニ四駆って言って，子供たちがパーツを使ってレースするわけですよ．ショックアブソーバーどう換えたらコーナー速く走れるとか，遊びの世界なんだけどこれ生きた機械工学，生きた物理をやってるわけですよ．昔は，要するに今で言う物理学とか云々って言ってますけど，生きた科学を全部やってるわけです．遊びの中に全部

入ってたんです．今は全部止めちゃってね，塾行って．

鷲田 これどうすんだろ．バラバラにしてね．悪い意味でのバーチャルリアリティしかできないですよね．

浅田 そうそう．組み合わせてしまって．

鷲田 分かってるもので組み合わせた張りぼてのね．

浅田 ツギハギだらけの．

長谷川 話が続くんですけども，ここは哲学とロボットのロボカップですので，ハーフタイム．

哲学はコマーシャルと同じ

鷲田 ところで僕ね，哲学とコマーシャルっていうの基本的に同じもんだと思ってんの．何かって言うとよくわけが分からないけど何かが起こってるっていうときに，言葉をふと入れるのね．つまり，飽和状態ってあるじゃないですか．これ以上溶けないはずなのに過飽和な状態になってしまうでしょ．「え，まだ溶ける」って．そのときに水以外の液体以外のもの固形物をなんでもいいから，ホコリでもいいし糸くずでもいいし，なんでもいいからポッと入れるとパッと一瞬に結晶してしまうでしょ．

浅田 はいはい．

鷲田 溶液が．あれと同じなのが哲学と広告のコピーですね．コピーライターと哲学者の共通点っていうのは，みんなモヤモヤとなんか変わってるとか，なんかおかしいとか感じてるときに，哲学者がそこに新しい概念をフッて入れるといっぺんに，全部腑に落ちるようになる．「あ，そういうことが起こってるのか」ってね．コピーライターは今度は概念ではなくて，感覚的な言葉を入れるわけ．そしたら別に論理的には分からないけど，「あ，そういうことなんだ」って分かった気になる．だから手法として，論理でやるか感覚でやるかは違うけれども，どちらもある時代の中にある新しい言葉をポイッと放り込むことで，過飽和の状態になったものがフッと一瞬にして全部結晶して見えてしまうっていう，それがコピーライターの仕事であり，哲学者の仕事でないかなって思ってるんです．

浅田 僕は，前者の哲学者と言われてる人の論理を，あんまり論理って思わない．

鷲田 それも感覚なのかな（笑）．

浅田　ダマシオ [8] が言っているのですが，結局エモーションが論理を作ってるっていうのが当たり前だろうって思うんですよ．論理が論理であり得ることはなくて，それは結局身体に基づくエモーションがそれをバックでサポートしてる．たとえば全共闘でも絶対声のでかいやつが勝ってる．論理じゃなくてね．

鷲田　最後まで勝ったかは別にして．

浅田　そうすると，論理と我々呼んでいるものは結局ほんとに論理なんだろうか，つまりそれは結局エモーションというか感覚に近いところに，落ち着いているんじゃないかって思うわけです．

鷲田　なるほど．

浅田　それは論理という構造を持っているけども，それをグランドさせてるのは，要するに動物的な生物的なもんにならざるを得ないだろうと思うんですよね．

鷲田　それならますます哲学とコピーライターと同じになるじゃない．

浅田　僕は同じだという気はしますね．

鷲田　それは結構きつい哲学批判だな．まだロゴス [9] に頼ってるって思ってるところがあるから．

浅田　僕は，ロゴスは基本的にロゴスだけであり得ないと思うんですよ．結局，それをグランドさせる部分にはエモーションが必ず入ってきますからね．もちろんロゴスを使用したプロセスは素晴らしいと思いますよ．その意味でロゴスに昇華させるための過程に関しては敬意を払います．僕は佐々木正人 [10] に関心するのは，ようあんなタスクを発見してくるなっていう．

鷲田　新宿歩くとか，よくあそこにあそこまでトリビアルなことに．

浅田　そうでしょ．僕はあそこに感心するわけですよ．そうすると僕はそこの結果のロゴスじゃなくて，発見する過程に感心してしまう．

鷲田　臨床哲学は一応それやってる．「何してんねや」っていうかも知れんけど，とにかく現場で起こってる人の話を延々と聞いて（笑）．

浅田　だから僕はそこに共感してます．僕はそこはリアリティだと思うんですよ．

---

[8] Antonio Damasio，神経学者，神経科医アイオワ大学教授著書：『生存する脳』が最も有名．

[9] ギリシャ語で〈コトバ〉，〈リクツ〉，〈道理〉などをひっくるめて意味する語．ギリシャ人は言葉の意味や理性のなかに，唯一の真実であるロゴスがあると考えた．人間の精神について用いるときには〈理性〉などの〈思考能力〉の意味として用いられ，感情を意味する〈パトス〉に対する．

[10] 生態心理学者，東京大学大学院情報学環・教育学研究科教授．著書：『からだ認識の原点』，『アフォーダンス— 新しい認知の理論』，『知性はどこに生まれるか』，『現代思想と複雑系の科学アフォーダンス』，『アフォーダンスの構想』．

そこはね，同じ言葉であっても現場の人が言うのと違う人が言うのとは全然違いますよ．そこの重さみたいなことを，どう感じるかっていうのが現場とか臨床だと思うんですよ．ロボットも基本的に自分が持ってる感覚で，それを理解するしかないわけですよ．だからそこの現場の感覚のようなものがないことにはいけない．だからロボットは現場しかない．だからそこに設計者が恣意的に持ってきてしまうと，それは死んだことになってしまうんです．

鷲田 なるほどね．でも人間は持ち込んだもので生かしてると思い込んでるわけだね．人間のほうは．プログラムっていうか．

浅田 そうそう，そうです．設計者は．

鷲田 でもいくら考えてもロボットの話を聞いてるっていう感じがしない．

長谷川 おもしろいですね．PK 戦までやらないといけないんじゃないかなと心配してるんですけど．

鷲田 するどい．

教えるところから離れないと教育は成り立たない

浅田 ロボットで今，強化学習って動物の行動学習と同じパターンで学習やってるんですけどね．いつもよく話してるのは，放任も駄目，教え過ぎも駄目．これロボットも全く同じなんですよ．放任し過ぎるとどこに行くか分かんない．教え過ぎるとやる気をなくす．同じパターンで起きるんですよ．どうやって教えるのかっていうと，ポイントを教える．それも親の力量っていう話です．

長谷川 なるほどね．

鷲田 僕ね，もう最後に言うと，教えることから離れないと教育は成り立たない．教えることが大事なんじゃなしに，伝えることが大事．つまりのっぴきならないこと，「俺，こんな痛い目した」とか，いろんなことがあって，これだけは伝えたい，これだけを伝えといたら，あいつもそんなミスしないだろうっていうことなんですよね．山崎正和[11] さんっていううちのすごい名誉教授いるでしょ．彼が書いた教育についての文章で僕が涙したことがあって，彼は満州の最後の中学生のときまで満州にいて，みんなどんどんどんどん内地に引き揚げるときに，まだあ

---

[11] 劇作家，評論家，東亜大学学長．大阪大学名誉教授．著書：戯曲『世阿彌』，『野望と夏草』，『おうエロイーズ！』，評論『鴎外闘う家長』，「劇的なる日本人」，「病みあがりのアメリカ」，「柔らかな個人主義の誕生」他．

とのほうまで残っていた家族なんですね．そしたらね，学校の授業って何かというと校舎も全部取られたし何もない．そしたらね，日本人の残った技術者とか商社の人が倉庫みたいなところで授業するんですよ．先生は誰も教員免状持ってないの．それで何をしたかっていったら，国語の時間マルチン・ルターの伝記を延々と読む．それから中国の杜甫とかそんなんじゃなくて，現代詩を中国語の発音で教える．それから音楽の時間では，ラヴェルの『水の戯れ』とか，ドボルザークの『新世界』をただただ聴かせる．そんな授業なんですよ．初歩から順番のマニュアルなんて何もなくって，子供に分かるか分からないか関係なしに，大人たちがこれだけは……

浅田　伝えたい？

鷲田　「言っときたい」，「伝えたい」っていうことだけをやって，もうカリキュラムもくそもなしに，自分の一番得意技のところ，自分が一番今まで，感動したこと，それだけをやる授業．山崎さんにとってそれが教育の原点なんですね．

浅田　素晴らしいですね．僕はそこが大事だと．

鷲田　あれが自分にとって最高の授業．正直言ってルターのこと，教義の話とか何にも分からないんだけれど，子供だからラヴェルの『水の戯れ』みたいな高度な曲なんて分かんないんだけど，それをシャワーのように浴びたってことが，今の教育の原点にあるって，山崎さん，そういう風におっしゃって．僕の言葉でそれを翻訳すると，教育っていうのは何か知識を持ってる人がそれを誰かに教えるっていうことじゃなしに，どうしてもこれだけは伝えておきたいっていうことを伝えるっていうのが教育だと思ってて，だから教育を，教える，学ぶという枠組みから一変外して，伝える．そしてその思いに応える．その場では応えられないけど，大きくなってからあとで応える．それでいいんやなあって．伝える，応えるで．

浅田　今その話を聞いて思ったのは，その音楽を聴いたわけではなくて，その音楽を聴かそうとした人たちの思いを聞いたんですね．

鷲田　思いを，それ．

浅田　僕はそこが大事だと思うんですよ．

鷲田　僕が『「聴く」ことの力』っていう本で言いたかったこと，そのことなんですよ．

浅田　まさしくそうだと思うんですよ．漠然と聴いたわけじゃなくて，それを聴かせる人たちの思いを聴いたわけですよね．そこが大事だと思うんです．

鷲田　文系の話，分かりますね．

浅田　いやぁ．

鷲田　ほんとそのこと，一番大事なことなんですよ．

浅田　結局ロボットの学習にも帰着させるんですけど，何をしてるかっていうと，僕は HOW は一切教えないんですよ．何故か．HOWっていうのは要するに個体の身体に依存しちゃうから．何を教えるかっていうと何をしたらいいかってゴールしか教えない．

鷲田　ゴールね．

浅田　それで試行錯誤しなさいよとしか言わない．それは学ぶと教えるってことも同じ．明示的には HOW は何も教えない．だから後姿見なさいって，僕はそれに近いんですよ．

鷲田　なるほどね．

浅田　そのために，じゃあどうやってひきつけるかっていったら，その人自身が遊ばないといけない．

鷲田　ちゃんともとに話戻ったじゃないですか．出発点に．

浅田　まさしく僕はそう．自分が楽しんでる姿とか，自分がやってる姿見せることだけで，僕は OK やと思うんですよ．だから教育と研究，教育と研究ってみんな教育を最初にやってるでしょ．それって違うと思うんです．教育っていうのは研究をしっかりやってれば絶対できる．見せればいいと思ってるんです．

長谷川　決めましたね（笑）．

1.2　コラム1：対談後のあとがきから

　最近，学外の研究所で〈センサー〉論に取り組みはじめた．気配とか異変の感知能力というものを現代人が失いつつあるのでは，というのが始まりだった．集まってもらったのは，哲学，生物，技術史，知覚，都市の研究者たち，それに飛び入りで映画監督も．生き物だけではない，機械にもセンサーはある．だから，このロボット学者とは一日もはやくお目にかかりたかった．学問には，知力以上に微細で機敏な感受性が要る．「走りながら考える思考」と言ってもいい．それに思わずふれて，対談は果てしなく続いた．ここに掲載できなかった分は，当分ぼくの玉手箱になるだろう．（鷲田清一）

〈自己紹介〉いまだに自分の居場所が分からないという困った人間です．高校のときは学外でロックバンドにうつつを抜かし，大学時代は講義に出ずに喫茶店で読書会に励み，三十代までは文献の世界に浸りきり，いまは社会の問題発生の現場と哲学をつなぐ〈臨床哲学〉のプロジェクトで学外を走りまわっています．

好物：本ならパスカルと寺山修司，音楽はピアソラ，絵はホルスト・ヤンセンと山本容子，写真は植田正治，服は Yohji Yamamoto，街は博多，食はおうどん，車なら昔のカルマン・ギアとアルファ・ロメオ（もう手に入りませんが）（笑）といったところでしょうか．

―――――

臨床哲学の発想そのものは，ロボティクスにおける身体性そのもので，意気投合する点が多く，大いに対談を楽しませて頂いた．身体が持つ意味，現場主義，リアリティとは何か，自己，意識の問題など，日ごろ考えていることが鷲田さんの考えと共通する点が多く，興味深かった．何といっても照れ屋でダンディなところが，好きになりました．(浅田稔)

―――――

とても，楽しい対談だった．最初だけ口火を切っただけで，お二人の息もぴったりで後はお二人に任せておけば良かった．想像以上に私の狙い通りの展開になった．生い立ちについては意外だったし，お二人とも受動的教育ではなく能動的教育を自ら実践されてきたことがその後のご活躍につながっていることを確信した．(長谷川和彦)

第2章　はじまりは人工視覚の研究

2.1　Out of sight, out of mind!

　本論に入る前に，著者の研究人生の最初，すなわち大学学部生時代の研究を紹介し，様々な意味で，本論への導きとしよう．今から，40年以上前の1977年，大阪大学基礎工学部制御工学科の辻三郎教授（現，阪大名誉教授）の研究室に入った．動機は「まえがき」にも述べたように，人間の認知に関する漠然とした興味から，パタン認識という言葉に惹かれ，機械がどのように認識するのだろうかと不思議に思ったからだ．これが，後にロボットの視覚情報処理に繋がる動画像処理研究のスタートである．

　ゴンズイと呼ばれる魚の行動解析で複数のゴンズイが撮影されたシネフィルムやVTRからTVカメラを使ってデジタル画像化し，Fortranやアセンブリ言語でプログラムした時代であった．文献[1]から，当時のシステム構成を見てみよう（図2.1）．

　当時，大型のメインフレームに対して，ミニコンと呼ばれていたYHP 2108A

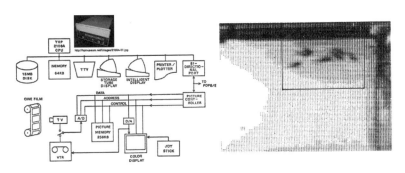

図 2.1: 初期の動画像処理システム

というコンピュータで，メインメモリが 32K ワード，ハードディスクが 15M バイトで，現在のパソコンの数百 G バイトから数 T バイトに比べ，桁違いに少なく，現在からみると恐ろしく貧相なシステムだが，これでも当時では，最先端のシステムだった[1]．画像入力は粗密制御が可能で，粗モードでは，128×128 画素の画像が，蜜モードでは，256×256 の画像の一部が 128×128 画素の画像として扱われ，4 ビット，すなわち 16 階調で，最速 15 フレーム/秒で入力可能であった．図 2.1 の右は粗モードで入力した例である．余談だが，ドット数で階調を表している．

さて，研究内容にもどろう．7 匹のゴンズイの群れの動きの動画像が同じ大阪大学基礎工学部生物工学科の鈴木良次教授（現，阪大名誉教授）の研究室から持ち込まれ，群れの動きの自動解析の依頼を受けていた．細かな画像処理手法は除いて，以降の本論に通じる二つの重要なポイントを示そう．

1. 注意：粗密制御において，最初に，空間的にも時間的にも粗い画像を入力し，全体のおおよその動きを推定した後，密な分解能で画像を再入力し，詳細に解析している．これは，人間の視覚で言えば，周辺視，中心視に対応する．正面を向いて車を運転しているとき，さっと横を通過するものがあると，周辺視は素早く察知し，そのことにより視線をそちらに向けて，今度は中心視でその物体が何であるかを認識する．この過程は，**注意**と呼ばれ，知能システムとして，重要な機能の一つである．あるモノ（車の正面）から別のモノ（横を通過する物体）に注意をシフトすることで，タスク（安全運転）を遂行している．

2. 予測：人は時系列の画像から物体の運動を**予測**している．これも知能システムがもつ重要な機能の一つである．予測符号化 (predictive coding) などと呼ばれ，単なる物体の運動予測から，他者の運動予測に至る．後者は，以降でも述べるように，行動の観察と実行を結ぶミラーニューロンシステム（以下，MNS と略記）[2] と深く関連し，他者の行動予測，さらには，行動意

---

[1] 実のところ卒研時は，DEC PDP-8e と呼ばれるミニコンを使用していた．ミニコンの名機 PDP-11 の前身機だった．

[2] 第 9 章を先取りするが，ミラーニューロンとは，サルがある行為，例えば何かを「持ち上げる」ときに，「持ち上げ」ニューロンが発火する．このニューロンは，他者（他のサルやヒト）が同じ「持ち上げ」行為を行っているのを観察したときにも発火し，行為の種類ごとに観察と実行を符号化するニューロンと言われている．ヒトの場合，ニューロンレベルでの発見はされていないが，

図の理解から共感にまで至る.

　この二つのポイントは，以降で，さまざまなコンテキストで触れていく．さて，これから各章で,「学生さんや若手研究者へのメッセージ」を述べていく．説教がましいが，実は今でも，著者自身へのメッセージであることを先に述べておきたい．研究活動のみならず，人生のさまざまな局面で，励まされたり，慰められたりした言葉である．上から視線の言葉に映るかもしれないが，一緒に考え，咀嚼していただきたい.

　また，本章は，タイトルにあるように著者の研究人生の最初であり，そのため，多くの先生方との出会いが，著者の研究人生に大きく影響を与えた．二人の恩師に加え，5 人の巨匠たちを紹介する.

学生さんや若手研究者へのメッセージ (1)：Out of sight, out of mind!

　この節のタイトル "Out of sight, out of mind" は，日本語訳では「去る者日々に疎し」などとされているが，より直接な現象として，上記のゴンズイの重なりで直接見えなくなるケースを考えよう．システムは予測能力を持つので，重なりから隠れた物体や部分を予測できた．ところが，6ヵ月未満の新生児では，おもちゃがカバーに隠されて直接見えなくなると，それは存在しないと感じるようである．これは，ワーキングメモリと呼ばれる短期記憶部，すなわち隠された物体の位置を覚えておく記憶部が未発達のためと言われている [2]．成長するとワーキングメモリが発達し，見えなくてもモノが存在すると確信するための，モノの永続性が学習される．我々大人の日常からは不思議でもないことが，新生児の行動，すなわち，見えないものは存在しないと思って行動することから見えてくる．ただし，大人は新生児を馬鹿にできない．なぜなら，異なるレベルで見えない（見たくない）ものは存在しないと思いがちだからである．また，無意識のうちに無視させるなどの制御も可能だろう．時の政府の都合によって，メディアに流されるコンテンツが変わることだってあるのだから．これは,「注意」を制御することにも繋がる．そして，さらに「意識」の問題も絡む.

同様のシステムはあると想定され，ミラーニューロンシステム（MNS と略記）と呼ばれている.

2.2　コラム 2：二人の恩師，辻三郎先生と故福村晃夫先生

　まず最初に研究道に導いて頂いた阪大名誉教授の辻三郎先生である．研究室配属時に制御理論の研究室にいくか，パタン認識の研究室にいくか，非常に迷っていた．いまから思えば，自身は理論向きであるはずもないが，その時は，なんとなく分かりかけてきたとの錯覚から迷っていたが，まえがきにも述べたように，最後は自分に興味ある方向に向かった．辻先生は，言い方は柔らかそうだが，中身は非常にきつく，その意味では研究の「いろは」の「い」から，直接的にも間接的にもご教示頂いた．研究室配属当時，すでに結婚し，長男も生まれていて，本来，学部卒業次第就職と考えていたが，かみさんからの一言「好きなことを徹底してやるべき！」との助言から，配属時点で博士まで進みますと宣言して，実際，そのとおりであった．博士課程在学中の辻先生との研究討論はいつも興味に満ち溢れ，院生，教授の枠組みではなく，純粋に研究者同士の討論であったと記憶している．研究者としての至上の喜びを味わわせてもらえた時間であった．もちろん，辻先生にとっては，そのように仕向けたと言われそうであるが，ともかく，基本問題が何で，自分としてどう解きたいか，それがどのような意味があるかをいつも討論していた．その他にも人生の様々な起点で大変お世話になりました．ありがとうございました．

　二番目は，名大名誉教授の故福村晃夫先生である．ロボカップの生み・育ての親でした．2016 年 12 月 5 日にご逝去されました．御年 91 歳でした．中京大学の人工知能高等研究所のニュースレター IASAI News No.41 の巻頭言に寄せた福村先生への著者の追悼文から，その一部を紹介します．

　　栢森情報科学振興財団が支援する第 1 回 K フォーラム「ロボカップウインターフォーラム」：技術的課題とその将来展望」は，福村先生のオーガナイズで，1997 年 1 月 12, 13 日にダイヤモンド片山津温泉ソサエティで開催され，その年に開催された第一回のロボカップの準備会議でもあった．もともと，著者がロボカップで実現したかったことは，強化学習が実世界でどれくらいちゃんと動くのかを試したかったことから始まり，認知の課題に傾倒していき，先に述べた「認知発

達ロボティクス」の提唱に繋がっている．これに絡んで，第2回K
フォーラム「Closed workshop on Humanoid Challenge」を同じく福
村先生のオーガナイズで1999年3月13〜15日にダイコク電機保養
施設「森林館」で開催した．福村先生から筆者に，「誰呼びたい？浅田
さんの好きな人呼んでいいよ」と声をかけられ，脳科学，人工知能，
ロボティクス，認知科学，複雑系科学などの研究者，というよりは，
それらの分野をベースにしながら，当時から学際的な研究を行ってい
る，非常にアクティブな研究者を集めた．3日間の議論の最初に福村
先生が，一枚のOHPをおもむろに出され，大きな丸い頭のエージェ
ントが環境との相互作用のなかから，表象を獲得していくさまを描か
れた．現象学に基づく，哲学から始まったのである．これは，当時既
に発表していた「認知発達ロボティクス」を強化する上で，非常に示
唆的であった．それから，20年近くたち，筆者は大きな研究プロジェ
クトを幾つか推進してきたが，「まだまだ何もできてない感」は強い．
福村先生には，いつも福福しい笑顔で，優しく見守っていただき，時
に，厳しくも先を見据えた示唆をいただいてきた．暗闇から一筋の光
が見る思いである．少し遅れましたが，ご冥福をお祈りします．

　序章の対談で紹介したように，小中高の生徒時代に心に残る師とは巡り会えな
かったが，大学で研究を始めたころからは，直接指導から示唆に富む研究議論ま
で多くの先生方にお世話になった．多分，今にして思えば，自分自身の研究の方
向性を模索中で，その必死さが表に出ていたからかもしれない．そうすることで，
あらゆるものが知の源になる．といっても，このお二方は著者にとって，永遠の
師匠であり，今でも，窮したときの助け舟を授かっている．

2.3　コラム3：コンピュータビジョンの巨匠たち

　著者の研究生活の始まりは，コンピュータビジョンであった．現代では深層学
習に代表されるニューラルネットワーク主体の情報処理であるが，40年以上前は，
研究者が明確に手続きを設計しながらの処理であった．人工知能の歴史も踏まえ
た解説本は多い ([3],[4, 5, 6])．本コラムでは，著者が接し，さまざまな意味でお

世話になったコンピュータビジョンの巨匠たちを紹介する.

2.3.1　ビジョンチップとレンズ系繋がり：IIT のジュリオ・サンディーニ (Giulio Sandini) 教授

　現在，イタリア技術研究所のサンディーニ教授らのグループが，中心視/周辺視に対応する網膜チップを 1980 年代後半から開発していた [7].　Log-pole 変換容易な放射状に CCD 素子を並べたチップである.　ヒトの視覚情報処理原理の再現を試みたチャレンジであった.　このような器機は，さまざまな応用を考慮した場合は，コストや汎用性の観点からメジャーにはなっていないが，認知の観点からは興味あるアプローチである.　サンディーニ教授と初めてお会いしたのは，30 年前の 1990 年 12 月に大阪で開催された第三回 ICCV (Third International Conference on Computer Vision, ICCV 1990) の委員会の場であった.　長身かつイタリアンファッションで濃い紫のコーデュロイのスーツに身を包んで颯爽と登場し，「むちゃ，格好ええやん！」が第一印象.　ジェノバ大学で電子工学と生物工学で学位取得後，ハーバードで神経学講座，MIT で AI ラボと生物に規範を起きながら，AI などの最新工学との融合を踏まえて認知の課題を追って来られた.　テーマ的には，著者の流れに非常に近いのである.　というよりも，互いに切磋琢磨した関係でもある.　古く長い交流が続いたのは，研究テーマというよりも，その人柄である.　とても温和で優しく，魅力的な会話術に加え，鋭い洞察から突っ込んだコメントを頂いたりして，国際会議などで多くの WS を共同開催したり，阪大主催の国際シンポジウムにも毎回来ていただいており，そのたびごとに新鮮味あふれる面白い講演をしていただいている.　まだまだ，これからも一緒にお付き合いしたいと願っている.

2.3.2　アクティブビジョンの父，イアニス・アロイモノス (Yiannis Aloimonos) 教授

　1986 年夏から 1987 年秋までの 1 年 2 ヵ月あまり，阪大から米国東部の首都ワシントンの近くにあるメリーランド大学へ客員研究員として異動した.　初めての米国長期滞在で小学生二人とかみさんも一緒で実にいろんな経験をさせて頂いた.

1986 年の夏にセンターのラボで，研究者の紹介を受け，当時，ニューヨーク州ロチェスター大学で博士取り立てのポスドク研究員イアニス・アロイモノス博士と会った．ギリシャ出身でイアニスの名前が米国であまり知られていないこともあり，ジョン・アロイモノスと名乗っていた．ジョンは日本では犬の名前だろうと冗談を飛ばし，常に励ましの言葉を投げてくれた．彼は，アクティブビジョンを始めとして次々と新しいコンセプトを提案し，理論化してきた．当時の著者はまだ認知発達ロボティクスの研究を始めておらず，のちに志向性が同じ方向であることを相互に理解し，長くつきあっている．ギリシャ出身で哲学者の風貌を醸し出し，ギリシャ演劇の役者なみのステージパフォーマンスを魅せてくれる．2013年にジョージア州アトランタで開催された Humanoids 国際会議で彼のところのポスドクと二人で叙事詩風にコンピュータビジョンや認知の課題を説いていたことが記憶に強く残っている．

2.3.3 コンピュータビジョンの師匠たち：白井良明先生と金出武雄先生

アメリカでの 1 年 2ヵ月の生活は慣れるまでは大変だったが，慣れてくるとコンサートに出かけたりなど，生活を家族と一緒に堪能できる時間が多くなり，二人の子どもたちも楽しく時間を過ごしてきた．そんなこともあり，怖いもの知らずで，帰国が近づいた頃，アメリカでの就職も考え，メリーランド大学の数人の教授と就職インタビューも受けていた．帰国後，アメリカでの就職に関して，上司の辻教授に相談に行ったら，すでに基礎工から工学部への異動が予定され，当時電総研（現在の産総研で昔の通産省電気試験所）から阪大に移られた白井良明先生のもとへの異動人事であった．通産省電気試験所時代も含め，電総研出身は先に示した鈴木良次先生や東大國吉教授も一緒だった．白井先生は，コンピュータビジョンで著名でビジョンの研究を中心に一緒に活動し，学生指導していた．ものごとの理解の速度が非常に速く，実験をやる前から結果を予想し，何事も的確にお見通しであった．そこらあたり，著者はいい加減というか思慮不足で，「やってみないと分からない」と唱して，結果を見ると，事前に分かるはずのことが多かった．「自分でやってみないと身につかない」と言い訳していた記憶がある．

金出武雄先生は令和元年度文化功労者に選ばれた．日本ロボット学会会長とし

て，お祝いの言葉を『日本ロボット学会誌』第 37 巻第 10 号に掲載した．ここに
再掲する．

> 本学会の名誉顧問の金出武雄先生が「画像認識技術や自動車の自動運
> 転の分野においての多大な功績」を高く評価され，令和元年度文化功
> 労者に選ばれました．本学会においては，評議員（1988 年 4 月〜1992
> 年 3 月）を務めていただき，2004 年 4 月からフェロー，そして，2018
> 年 4 月から名誉会員（名誉顧問）として，多大に貢献していただいて
> おります．金出先生のこのたびの文化功労者選出を，本学会より心か
> らお祝い申し上げます．おめでとうございます．

> 金出先生のこれまでの研究業績について，どれだけ語っても紙面がた
> りませんが，敢えて二つだけあげると，コンピュータビジョン研究と
> して，米国でもっとも人気のあるスポーツ，アメリカン・フットボール
> の 2001 年の第 35 回スーパーボウルにおいて，スタジアム上にグラウ
> ンドを取り囲むように設置した 33 台のテレビカメラを制御して，多
> 視点からの映像を組み合わせ，視点を自在に変えたようなダイナミッ
> クな映像などを実現する技術である Eye Vision の総監督を務めたこ
> とです．現在では，ラグビーのワールドカップでも使われているビデ
> オ判定の先達でした．当時，33 台ものカメラを同期させて稼働させ
> ることは，非常に困難と思われてましたが，それを克服する裏打ちさ
> れた技術の離れ業でした．

> もう一つは，カーネギーメロン大学ロボティクス研究所所長時代の
> DARPA グランドチャレンジに関連して，No Hand Across America
> と宣言して，95 年にピッツバーグからサンディエゴまでの全走行距
> 離 3,000 マイルのアメリカ横断を 98.2 パーセント自動運転で走破し
> たことです．これも，自動運転エンジン「Navlab 5」に搭載されたコ
> ンピュータビジョンの秀逸なプログラムのおかげです．これらの他に
> も多くの素晴らしい成果が，コンピュータビジョンやロボティクスの
> 分野であり，それらが，現在の最新技術の中に埋め込まれている事実
> があります．これらに共通するのは，誰も思いつかないことをやり通
> すチャレンジ精神と，それが無謀な試みではなく，自身が確立した確

固たる技術に裏打ちされていることの自信と，そしてそれらを楽しむ余裕（自身を追い込むことも含めて）があることです．

個人的には，以下の三つが自分にとって人生教訓として，今も生きています．金出先生がカーネギーメロン大学計算機科学科・ロボティクス研究所高等研究員時代に大阪大学を訪問され，浅田が博士院生か助手になりたての頃だと思いますが，動画像解析のデモを説明していて，「それは，人間ならどうしてると思う？」と聞かれ，問題の本質と解の緒を鋭く指摘いただいたことを強く覚え，その後の浅田の研究姿勢の指針としています．二つ目は名著『素人のように考え，玄人として実行する』（2003 年 PHP 研究所，後に『独創はひらめかない−「素人発想，玄人実行」の法則−』として，2012 年日本経済新聞社から復刊）です．ここには，金出先生の研究者としての哲学がいかんなく記述され，どの部分を読んでも，なるほどと思わせる話術に感服します．三つ目はそのエッセンスで，抜群のプレゼンテーション能力です．それが金出先生が自身で言われている「最も多くの研究資金を DARPA（米国防高等研究計画局）から受け取っていた研究者のひとりだ」ということです．

これら全てに通底するのは，常識を疑ってかかり，問題を新たな視点で見直し，その問題を徹底して解決する底力の偉大さです．ロールモデルとしてはあまりに偉大ですが，少しでも近づきたいと思うのは，すでに年配の域にある浅田だけでなく，むしろ若手の研究者にぜひとも目標にしていただきたい．再度，金出武雄先生，おめでとうございます．今後とも，叱咤激励よろしくお願いいたします．

2.3.4 コンピュータビジョン時代からの大先輩，池内克史元東大教授

言わずとしれたコンピュータビジョンの大御所，池内克史博士とは，著者が博士の院生時代に論文を通じて知ると同時に，電総研つながり（辻教授，白井教授など）もあり，MIT で名を挙げた大先輩として崇める存在であった．性格は非常

にオープンマインドで気さくであり，気軽に何でも相談してきた先輩である．著者の最初の英語論文発表は 1983 年に米国ワシントンで開催された CVPR の会議で，そのまえに，ボストンの MIT のラボを訪問し，その際，ロドニー・ブルックス (Rodney Allen Brooks) 氏（後に紹介）を紹介してもらった．その際，ご自宅に訪問し，その時ごちそうになったライブロブスターの味が忘れられない．大変お世話になりました．MIT と電総研（現，産総研）の交互の滞在の後，金出先生が率いていた CMU のロボット研究所に移り，そこから東大，そして中国のマイクロソフトから米国シアトル郊外のマイクロソフト本拠地に移られた．2018 年にそのオフィースを訪問し，そのあとは社内にあるビアホールで IPA ビールを堪能した．著者が 1996 年の IEEE/RSJ の国際会議 IROS を大阪で開催したときの実行委員長だったが，前年 1995 年の IROS は池内教授が実行委員長だったこともあり，国際会議はよくご一緒する．71 歳の現在もバリバリの第一線研究者として活躍されており，見習うべき存在である．

第3章 人間と人工物の間の関係に対する基本的な考え方

コンピュータビジョンの研究からロボットの研究への移行は，そもそも人間の認知とは何かという根本的な課題に興味があったからだが，本章では，そのような研究へのアプローチそのものの思想的背景に触れ，人間と機械の自律性について再考する．ロボットと哲学とは縁遠いと思われるかもしれないが，研究アプローチの基本的な考え方を明確にする上では必要である．もちろん，最初からその思いがあったのではなく，研究を進めていった過程で，やや後付的ではあるが，さまざまな研究者と議論するなかで気づいたというのが正直なところだ．人間と人工物の間の関係に対する基本的な考え方に従って，機械が人間と同様に自己という概念を創発する可能性があるかを議論する上で，初期自己の概念について言及し，その可能性を考えてみよう．

3.1 思想的背景

上でも述べたように，次章以降で紹介する認知発達ロボティクスの基本的な考え方そのものは，関連する研究者との議論の中で育んできたが，そもそも，その背景にある思想に言及すべきと考え，自律性や人間と事物（技術）の課題の思想的背景の概略を示していく．深遠な哲学の課題を徹底して掘り下げることは困難であるので，著者の研究との関連性からの解釈であり，そのため，正確な表現に欠けている部分が多々あるが，ご容赦願いたい．

前半は Tani の書籍 [8] で紹介されている流れを，後半は，稲谷の文献 [9] に基づき，さらに関連する思想家を加えて，年代順に紹介していく．なお，詳細は解説 [10, 11] 等を参照されたい．

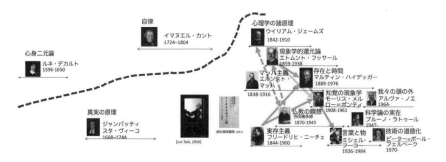

図 3.1: 人間と事物/人工物に関する課題の思想的変遷（解説 [11] の図 1 を引用，日本語化）

　心と身体，もしくは事物の関係に関して，心身二元論[1] を唱え，近代哲学の基礎を築いたのはルネ・デカルト (René Descartes) であろう．その後，多くの批判にさらされ，良くも悪くも多様な発展系が見受けられる．

　イタリアの哲学者であるジャンバッティスタ・ヴィーコ (Giambattista Vico) はデカルト主義やあらゆる還元主義に反対の立場をとり，真実は，デカルト主義に従った観察によってはでなく，創造か発明によってしか検証されないという真実の原理 (Verum Factum Principle) を主張した[2]．この考え方は，著者らが主張する構成的手法の思想的原点である．従来の説明原理に基づく科学ではなく，設計原理を内包した科学，もとい，あらたな学問分野としての提案であり．それがこの時期に提唱されていることは，重要だ．

　イマヌエル・カント (Immanuel Kant) は，自身が唱える道徳哲学において，義務的な行為としての道徳のありかた，すなわち「どうあるべきか」といった視点から義務論的道徳を説いた [12]．科学技術の高度な発達が，さまざまな意味で価値観をシフトさせる現代においては，このような人間中心的な考えによる義務論的道徳が通じなくなってきている．ミシェル・フーコー (Michel Foucault) は徳倫理に着目したと言われており [13] ，「どうあるべきか」ではなく，「どうありたいか」がより重要と考えた．前者はトップダウンに規定されるのに対し，後者は，科学技術の高度な進展に対応するために，新たな倫理観を常々更新する必要があ

[1]実体二元論，物心二元論，霊肉二元論，古典的二元論などとも言われているようである．
https://ja.wikipedia.org/wiki/実体二元論
[2]https://en.wikipedia.org/wiki/Giambattista_Vico

ることを説いている.

デカルトを超えて超越論的現象学へと進む「新デカルト主義」を主張し,現象学的考察を与えたのは,エトムント・フッサール (Edmund Gustav Albrecht Husserl) である(例えば,[14] など).我々は客観的な物理世界が事前に存在すると捉えがちだが,そうではなく,個人の意識的な主観体験による表象が,共有できる可能性としての客観性,すなわち主観と客観の狭間の間主観性の考え方を展開し,後世に多大な影響を与えた.

フッサールの現象学を拡張・進化させたのが,マルティン・ハイデッガー (Martin Heidegger)(『存在と時間』[15, 16])やモーリス・メルロー＝ポンティ(Maurice Merleau-Ponty)(『知覚の現象学』[17, 18])である.

間主観性とは異なるが,ハイデッガーは,主観と客観を分けずに,いま現実に存在すること(「現存在」)の重要性を説き,これが,時間軸上の過去と将来との動的な相互作用によって生じると主張している.人間という存在を時間軸で捉えるとき,現在という切断面で見えるのが「現存在」だが,それは,決して孤立しているわけではなく,過去と未来の駆け引きの隙間にあると解釈できる.また,現存在する個々のエージェントは,それぞれが目的を持って相互作用しているという合意のもとに,個々が相互に存在しうる.これは,社会的相互作用の重要性の一つでもある.

メルロー＝ポンティは,主観と客観に加えて身体性という次元が創発し,そこでは,同じ身体が,触れたり見たりする主体と同時に触れられたり,見られたりする客体にも与えられうると主張している.このことは,主観と客観の二つの極の間の繰り返される交流の場を身体が与えているのだ.すなわち,客観的物理世界(先の議論では偶像に過ぎない)と主観的経験をむすぶメディアとしての身体の重要性を指摘している.これは,次章で紹介する認知発達ロボティクスにおける「身体性」の基本概念の根幹である.

デカルトやカントらは,主体と客体とを厳格に区分する近代的な思考法(人間存在のあり方を本質化する,ヒューマニズム)の提唱者だが,その考え方に頼っていると,現代社会を適切に扱えないとブルーノ・ラトゥール (Bruno Latour) [19] は警告する.なぜかというと,高度な科学技術の進展により,現代社会は主体と客体が入り混じったハイブリッドな世界となっているからだ.また.ピーター＝ポール・フェルベーク (Peter-Paul Verbeek) [20] は,「技術は,我々の行為や世界

経験を形成し，そうすることによって，我々の生活の仕方に能動的に関わっている」と主張する．つまり，本来，人間にとって便利に機能すべく設計された人工物によって，我々の行動や，更には，考え方自身が影響を受けているのだ．

このような流れから，図 3.1 では，人間と事物を区別し，人間中心主義に基づく考え方（太い点線の左上部）から，人間と事物の相互作用による関係性に重点を置き，創造することで理解する視点の重要さを説く考え方やそれが社会に影響を及ぼすことの重要性を指摘する考え方（太い点線の右下部）への移行が見て取れる．これは，

1. 深層学習に代表される機械学習によって，人工物が判断し，意思決定にコミットしており，あるレベルの機械の自律性が，すでに実現されつつあること

2. 人間固有と思われていた自由意志や意識なるものの構造や機構などが，神経科学・生理学・認知科学などで徐々に明らかにされつつあること

を考えると，近代諸学問における意識や自律に対する考え方が機能しなくなってきている．このような背景から，機械の自律性の可能性について議論可能になりつつある．そこで，以下では，機械と人の自律性について再考してみよう．

3.2　再考：人とロボットの自律性

一般に，自律性はロボットが持つべき好ましい性質であると考えられている．その意味合いは，人間自身の自律から生じているが，現状のロボットを始めとする人工システムでは，現実はかなり異なり，それによる誤解も生じている．本節では，本来の自律の意味を問い直し，人工物が持ちうるべき自律の機能や意味を提示し，それが社会にどのように受け入れられるべきかを議論する．自律の意味は，複数の辞書での共通項目から以下の二つが挙げられる [3]：

[a] 他からの支配・制約などを受けずに，自分自身で立てた規範に従って行動すること（反対語は他律）．

---

[3]https://kotobank.jp/word/自律-535817

[b] カントの道徳哲学で，感性の自然的欲望などに拘束されず，自らの意志に
よって普遍的道徳法則を立て，これに従うこと[4].

上記 [a] で「他からの支配・制約などを受けずに，自分自身で立てた規範」とい
うのが，実際，どの程度なのか，すなわち，

1. 自身は何も考えずに与えられた指示・指令に従い行動する.

2. 自身は何も考えずに与えられた指示・指令に従い意思決定し行動する.

3. 他からの支配・制約などを考慮し，かつ自身の考えも反映した上で，意思
決定し行動する. 結果は (1,2,4) と見かけ上同じになる可能性がある.

4. 他からの支配・制約などを考慮せず，自身の考えのみで意思決定し行動する.

の場合の純粋に (4) と言えるかどうかである. 上記も完全に独立とも言えず，そ
れらの間もありうるだろう. 例えば，自律移動ロボットを想定した場合，多くの
ロボットは上記の (1) に過ぎず，自律性を持っている可能性は設計者・プログラ
マーである. プログラマーとて，上司の設計者に従って (1) の場合もある. もう
少し正確に表現すると (1) すらでもない. それは,「自身は」という言葉に表され
ている. すなわち，ロボット自身が「自身」という表現や，それが意思決定のモ
ジュールであるという明確な確信を持っているわけではないからである. もちろ
ん，人とて，自由意志というのは空想に過ぎず，さまざまな過程から，意識レ
ベルがつじつま合わせを行っていることが行動心理学的にも，神経科学的にも明ら
かだからである [21, 22].

このように考えると，人だけが純粋に自律性を持っているということ（この発
展系が [b] のカントの道徳哲学に連なる），すなわち，人工システムに真の自律性
がないとは言えず，相対的にしか過ぎないことがわかる. 設計論に基づいた相対
的自律性の観点から，次節では，最近刊行された『AI 時代の「自律性」』（河島茂
生 [編著]) [23] を機械の自律性の観点から紹介しよう.

---

[4]この普遍妥当的な道徳律と区別される哲学用語として，カントが提唱した格率があり，各人
の採用する主観的な行為の規則を意味する [12].

3.3　人間の自律性と機械の自律性に関する論考

1970 年代初頭，チリの生物学者ウンベルト・マトゥラーナ (Humberto Romesín Maturana) とフランシスコ・バレーラ (Francisco Javier Varela Garcia) は生物の自律性をシステム的観点から考察し，自己創出（再生と自己による境界決定）を主眼としたオートポイエーシス [24] を提案した.『AI 時代の「自律性」』では，これを背景に「自律性」の概念について「ラディカル・オートノミー」という生物学的自律性をキーとして説明を試みている．ただし，そのスタンスは，第 1 章 [25] で述べられているように，生物学的自律性の厳密性を問うがあまり，機械の自律性を否定しているように見受けられる．しかし，自律機械の設計の不可能性の根拠は乏しい.

第 2 章「生きられた意味と価値の自己形成と自律性の偶然」[26] では，直接強く表現はしていないが，身体性の重要性を醸し出すメイクセンス（意味の理解と創成）とリアライズ（行為の認識と生成）の二つの用語を用いて，意味や価値の創造性が重要としている.

第 3 章の「ロボットの自律性概念」[27] では，谷口が設計者サイドの議論を展開している．谷口はまず，ほとんどの研究者は生物の自律性を再現しているとは思っておらず[5]，いかにして，機械の自律性が設計可能かという難題に常時もがいていること，そして，機械自身の自律性が必ずしも生物の自律性と完全一致しなくても，共通部分が本質となりえる可能性と，その構成的手法により生物自律性の再考を促せることを述べている.

第 4 章「擬自律性はいかに生じるか」[28] では，機械は一般に，オートポイエティックではなくアロポエティックなシステムであるから他律的であると述べられている．一方で，逆に自律と思われている人間でもアロポイエティックな状況はありえるとされていることから，一部，相対的な自律性が認められているようである．結論として「擬」が生じるのは観察者の人間サイドの問題であるが，それは外部だけでなく，内部構造の中にも現れるとし，似姿をそこに見ているナルシス性を指摘している．この点は，設計者サイドと通じるものを感じる.

第 5 章「他者と依存し合いながら生起する社会的自律性」[29] では，最初にマ

---

[5]これを誤解している人文系の科学者が多いことに驚く．それは，マスメディアの責任でもあるが.

トゥラーナとバレーラの細胞の自己創出のコンピュータシミュレーション [30] を引き合いに，そのオートポイエティック性を説明しながら，このシミュレーションがアロポイエティック・システムであることを認めており，この意味で，機械のプログラムがオートポイエティック性を示すことが可能であることを示唆している．感覚運動の個体レベルから社会システムレベルに上がれば，厳密な生物学的な意味合いでのオートポイエティック性が薄らぎ，より本質的，もしくは機械と共有できる性質としての意味合いが引き出せる可能性も示唆している．また，これを理由にバレーラは，前節で言及したフーコーやメルロー＝ポンティらの思想に傾倒したと述べている．そして，相互作用（コミュニケーション）の重要性を示し，自律性の規範の更新を謳っている．本書のあとがきで，河島は「機械の自律性を検討する具体的な尺度にも踏み込めなかった」と自戒するが，谷口のような設計論の立場からの議論が明らかに不足している．すなわち，作られたものは自律的でない，つまり，自律的であると作れない，と主張しているように映り，このままでは議論が詰まってしまい，建設的な議論が難しく，そのことが尺度へのアプローチを困難にしているように思える．これを打破するためには，まずは，生体ハードウェアは自律性の条件ではなく，自律機械の設計可能性を認めた上での議論も有効であると主張したい．

3.4 自律神経系の意味

　同じ自律という語を用いるが，自律神経と辞書的な意味での自律はかなり異なる．神経系を大きく分けると脳・脊髄神経系と自律神経系である．前者が通常の意思決定を担っており，後者は自動的に内臓を制御する運動神経で，黒子役に徹しているが，体内のプロセス管理で，拮抗する交感神経系と副交感神経系（以下，カッコ内）から構成される．瞳孔の拡大（収縮），唾液分泌の抑制（促進），気道の弛緩（収縮），心拍の加（減）速，消化の抑制（促進）などの働きがあり，体調安定化のホメオスタシスや予めの準備としての体調の調整のアロスタシスと関連する [6]．p.38 の図 3.3 に示すように，自己主体感を支える構造としての自己存在

---

[6] ホメオスタシス：外部環境に変化があっても，ある一定範囲に体内の環境を保つ機能．アロスタシス：環境変化によるホメオスタシスの混乱を避けるためにホメオスタシスの設定値の事前変更を行う機能 [31]．

感はまさしく，自律神経系が下支えを担う．

　通常のロボットで考えると，内受容に該当するのは，バッテリーのチャージ度合いや CPU の動作による発熱，センサーの感度などに対応するであろうか？ ソフトロボティクスなどの生体親和性がより高い素材などで構成されるロボットでは，臓器に対応する多くの種類のコンポーネントが関連するであろう．感情は自律神経反応と推定された原因によって決まると言われており [31]，自律神経系が自己存在感を誘発し，それが自己主体感や自己所有感など，主体に関わるさまざまな感覚を励起することで，主体の大局的な意味合いでの自律性を議論する段階が想定できる．

3.5　初期自己の概念

　人工システムが自己の概念を発生させたり，所有すること自体の良し悪しは別として，そもそも，人自身がどのようにして自己の概念を獲得してきたかは，人工システムの自己概念の設計には必要な知識であろう．自他認知を含む自己の概念の進化は，ウルリック・ナイサー (Ulric Neisser) [32] が提唱する自己知識の五つの視点が参考になる．生態学的自己，対人的自己，想起的自己，私的自己，概念的自己のうち，最初の二つをそのまま借用し，残り三つを社会的自己としてまとめて，個体発生，すなわち発達過程とみなしたのが図 3.2 である．

　「同調」という用語は，他者を含む外界との相互作用を通じて，この概念がどのように発達したかを説明するキーワードである．

　生態学的自己は，自己意識の原点とも言えるものであり，一時的自己とも呼ばれているが，ショーン・ギャラガー (Shaun Gallagher) は，最小自己 (mimimal self) と呼ぶ [33]．彼は，最小自己には，二つの様相があるとし，それらを運動の帰結の予測（フォワードモデル）と適合する運動の自己主体感 (sense of agency for movement) と感覚のフィードバックと適合する運動の自己所有感 (sense of ownership for movement) と呼んだ．

　Seth *et al.* [34] は，当時の神経科学や精神医学の知見や証拠をとりまとめ，自己主体感を作るネットワークと自己存在感をつくるネットワークの相互作用モデルを提案した．自己存在感は，有益な内受容性予測信号が入力と正常に一致し，予測誤差が抑制されると生じると主張する．外受容信号と内受容信号によって内受

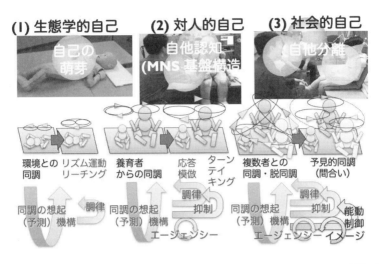

図 3.2: 自己と他者の概念を確立する発達過程（上）とそこに期待される機構（下）

容感覚を予測する．自己主体感のモジュールが感覚運動予測と同時に内受容感覚も生成する．自己主体感のモジュールが自己存在感のモジュールより階層が上とされている．ロボットの場合，内受容からの情報によって駆動される自律神経系を自己主体感，自己存在感，自己所有感などにどのように結びつけるかが課題である．

Haggard [35] は，Gallagher[33] の二つの様相，すなわち自己主体感と自己所有感は，予測と後付で説明可能で，その二つをあわせて主体感と呼んだ．図 3.3 にGallagher[33]，Seth *et al.* [34]，Haggard [35] の主張を一つの図にまとめ，広義の主体感とした．

Legaspi *et al.* [36] は，Haggard[35] のヒトに関する主体感の認知神経科学的なレビューを参考に人工システムにも適用可能な主体感のあり方を議論している．Haggard の論文では扱っていない人間とロボットの相互作用局面における人側の主体感のモデルを提案している．Gallagher[33] のモデルは比較器モデル（comparator model）として捉えられているが，そこに遡及的推論（retrospective inference）を加え，拡張している．

著者ら [37] は，ロボカップにおけるプレーヤの感覚運動学習において，局所予

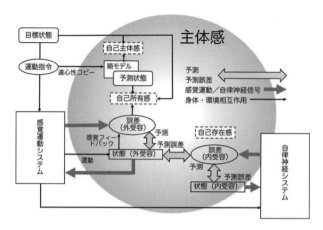

図 3.3: 広義の主体感の構図

測モデルによる状態推定に基づくマルチエージェントの強化学習を提案し，パッサーとシューターの協調行動タスクに適用した．最小自己の意味で，局所予測モデルが自己主体感に，自分が生成した運動の帰結を裏切らない知覚範囲を自己身体と定義したが，それは自己所有感に対応する．Haggard [35] の観点からは，両方合わせて，広義の主体感とみなせる．さらに，局所予測モデルによって推定された状態ベクトルの次数，より正確には，履歴長をパラメータとすることで，協調行動などの社会的な状況での自己のあり方，正確には，他者エージェントに対する自身の運動の時空間構造を規定できることを示している．その意味では，社会的自己までを含んだ主体感の表現とも解釈できる．

　ただし，当然のことながら，当時は人工物の主体感自体が研究対象となる以前の論文なので，主体感としての明示的な構造を取っていない．また，他者エージェントとのバランスでの主体感の尺度もないので，解釈論に過ぎないが，協調行動が成功したときは，互いの主体感が高い状態とも解釈可能である．失敗したときの責任帰属に関する主体感の尺度として，予測誤差が使えれば面白い．誤差が大きいときに主体感が低くなるという想定だが，まだまだ議論の余地がありそうである．

3.6 本章のまとめ

本章では，次章で紹介する認知発達ロボティクスの思想的背景から，機械の自律性について論じた．要点は以下である：

1. 人間の心や身体（物体）は不可分で，それらの相互作用に意味があり，客観的視点ではなく，当事者視点同士の間主観性がポイントである．

2. 説明原理に基づく既存の科学規範ではなく，設計原理による構成的手法，すなわち「創ることによって理解し，再現する」ことが大事である．

3. 人間と機械の自律性の違いは相対的であり，基本概念を共有することで，共生の理解が始まる．

4. 自己の概念の基盤構成要素として，自律神経系があり，自己存在感，自己所有感，自己主体感が予測や予測誤差によって結ばれ，総じて主体感が構成される．

学生さんや若手研究者へのメッセージ (2)：分野を超えろ！

著者は最近，研究者，アーティスト，アスリートに共通する傾向として，自分を追い込むことを挙げている．追い込むというと苦しい印象があるが，それを楽しむ余裕もほしい．その一つが「分野を超える」ことである．同じ分野やコミュニティに属し続けると，暗黙の了解のうちに本質を見過ごすことが多々ある．自分の常識が相手の非常識，相手の常識が自分の非常識となる経験をすると，自分の常識や非常識の意味の再考に迫られる．そこに問題意識が発生する．つまり，際に本質が見えるのだ．「窓際」とか，「際どい」など，「際」には，ネガティブな印象がつきまとうが，そこがチャンスである．次章から展開する認知発達ロボティクスの最初はまさに分野を超えるところから始まった．

3.7　コラム 4：K フォーラムの朋友：OIST の谷淳教授と札幌市立大学の中島秀之学長

　恩師のコラムで紹介しした，故福村晃夫名大名誉教授が主催していた柏森財団の K フォーラムの第二回の参加者の中に，OIST（沖縄科学技術大学院大学）の谷淳教授（当時はソニー CSL）と元公立はこだて未来大学長で現在，札幌市立大学の中島秀之学長がいる．谷さんとの最初の出会いは，移動ロボットということで，著者に彼の国際会議論文査読のお鉢が回ってきたのだが，それまでニューラルネットワークのアプローチをとっていなかったので，新鮮で面白いと感じた．リカレントニューラルネットワーク (RNN) を使って，軌跡を憶えて移動するタイプで間違って似たような場所を通る挙動に，変に人間臭さを感じ，高得点を与えた記憶がある．実際にお目にかかったのは，ソニー CSL の研究会だったような気がする．挨拶して，最初の言葉が，著者の昔の論文 [38] をクレーム対象として引用しているとのことであった．それは，従来型の三次元幾何学データの処理で，単なる情報処理的研究であったので，その意味では，谷さんのニューラルネットワーク学習型の優位性を主張するには，格好のクレーム対象になったのだろう．RNN の学習がかなり凝ったもので，谷さんの人柄が現れている感じだ．国際会議でもよく一緒になり，シルクドソレイユの公演やポルトガルの南端の陸の果て観光などご一緒した記憶がある．ソニー CSL 時代のラボの部屋にはチェロが置いてあり，時々演奏するとのことだった．今は，沖縄の自然をエンジョイしているらしい．

　中島さんは，電総研（現，産総研）時代から，最初，名前をよく存じていて，研究会などで講演を聞いていた記憶があるが，けいはんなで石黒さんや國吉さんと一緒にはじめた研究会の常連として，一緒に活動して以来，いろんなところで，ご一緒している．講師の先生方の幅も広く，それに一役も二役も買ったのが中島さんで，印象に残っているのは，離人症の研究で著名な木村敏氏がその代表だ．離人症は，何らかの非常に辛い原体験があり，そのストレスによって，時間の連続感が欠如する精神病で，物語の理解に苦しんだり，はては自分の存在の連続性も危うくなる．結果として自己の概念が時間概念と深く関わっていることの証である [39, 40]．これって，当時のそして現在でもロボットが置かれている状況である．自己という存在の連続性の概念がなく，それ故，物語理解もできないでいる．もちろん，人の場合は，もっと複雑であるが，現象的には似たところがあると感

じたものだった．ところで，中島さんは，長身大柄でポルシェと大型バイクを駆けている．そして，カラオケでは鉄腕アトムを中国語で披露されることも人柄ですね．

第4章 身体・脳・心の理解と設計を 目指す認知発達ロボティクス

　前章の思想的背景に基づき，本章では認知発達ロボティクスを紹介していく．認知発達ロボティクスとは，従来，設計者が明示的にロボットの行動を書き下してきたこと（前章での議論では，還元主義に対応）に対し，環境との相互作用からロボットが自ら行動を学習し，それらを発達させて，高度な認知能力を獲得していくためのロボット設計論である [41, 42]．

　ヒトの認知に関する研究は，従来，認知科学，神経科学，発達心理学，社会科学などの分野で扱われてきた．そこでは，さまざまな形で，ヒトの認知過程を説明するが，それだけでは，ロボットを設計・製作・作動することはできない．認知発達ロボティクスでは，ヴィーコの真実の原理に基づく，仮説検証を通じた構成的手法により，この理解を目指してきた．人間理解という共通基盤をもとに，ロボティクスや複雑系科学，シミュレーション科学などのアプローチからは，認知科学，神経科学，発達心理学，社会科学などの分野に「計算モデル」を提案し，逆に，これらの分野から，「仮説生成の基盤」が提供される．このような相互フィードバックにより，認知発達モデルを構成したり，実験で確かめたりすることができる．それが認知発達ロボティクスの一つの特徴であり，強みでもある．以下では，ヒトの初期発達について学び，認知発達ロボティクスにとって重要な身体の役割（身体性）を説明する．そして，認知発達ロボティクスを遂行した研究プロジェクトを紹介する．

4.1　ヒトの初期発達

　胎児の脳は，受精から数週間で驚異的な発達を遂げる．受精後2週間あまりで胚と呼ばれる大きさ数 mm 程度の平たい構造が，4週間ちょっと前には脳脊髄系

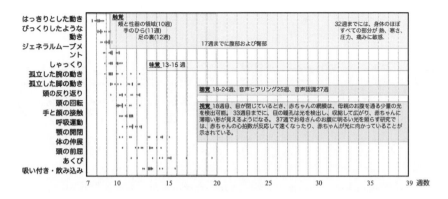

図 4.1: 胎児の運動と感覚の創発（文献 [42] の Fig.1 を引用，一部改変）

の複雑な構造が出現する．そして 25 週から 30 週で大人とほぼ同様の構造ができ
あがるが，神経細胞の連結 (synaptic connection) は未発達と言われている [43]．
宇宙などの異なる環境で，胎児を育てることは人道的に許されないので検証が難
しいが，地球上での胎児発達では，この期間は，かなり遺伝子的要因が大きく関
与していると考えられる．

　胎児の運動の創発に関しては，少し古いが調べられており，受精後 13 週前後で，
あくび，吸い付き・飲み込みなどの運動が確認されている [44]．感覚では，触覚
が 10 週あたりから，聴覚・視覚が 20 週あたりから働き始めている．聴覚は，母
胎を通じてお母さんの声に対する好みが生後ただちに見られる．視覚は母胎の外
からの光刺激に反応することから確かめられている．図 4.1 にこれらをまとめて
いる．横軸は受精からの週数である．現在では，立体ソナーにより胎児の活動が
可視化されている．

　生後，新生児はさまざまな行動を引き起こす．例えば，およそ 5 ヵ月では，ハ
ンドリガードと呼ばれる，自身の手を凝視する行動が見られる．この行動は，ロ
ボティクスの観点からは，肩，肘，手首の角度を定めれば，手の最終姿勢が決ま
る順運動学，逆に，何かを掴むための手の姿勢を実現する肩，肘，手首の角度を
求める逆運動学の学習に相当すると言われている．6 ヵ月頃の，抱いた人の顔をい
じる行動やいろいろな角度からものを見る行動は，顔の視触覚情報の統合や 3 次
元物体認識の学習に通じる．10 ヵ月頃の摸倣行動は，社会的コンテキストにおけ

表 4.1: 乳児の 12 ヵ月までの獲得行動の変遷と対応するロボットの学習ターゲット（文献 [42] の TABLE I を引用，日本語化）

月	乳児の行動	ロボットの学習ターゲット
5	自分の手をじっと見る	手の順・逆モデルの学習
6	抱いた人の顔をいじる いろいろな角度からものを見る	顔の視触覚情報の統合 3次元物体認識の学習
7	物を落として落ちた場所をのぞく	因果性・永続性の学習
8	物を打ち合わす	物体の動力学的モデルの学習
9	たいこを叩く，コップを口に	道具使用の学習
10	動作模倣が始まる	見ることができない動きをまねる：オツムテンテン等
11	微細握り，他者にものを渡す	動作認知と生成の発達：協調・共同行為の起源
12	ふり遊びが始まる	内的シミュレーションの起源

る行動学習として非常に重要である．そして，ちょうど 12 ヵ月の 1 年でふり遊びが始まる．これは，メンタルリハーサルやイマジネーションなど，自身の身体や状態を仮想的に操作することに対応し，ロボットでの実現は困難をきわめる．表 4.1 は，これらをまとめたものである．このほかにも，さまざまな行動が観察され，たった 1 年でこれらを学習できるロボットを設計することはほぼ不可能に近い．なぜなら，赤ちゃんがどのようにして，これらの行動を獲得しているかがビッグミステリーだからである．

　一般に，遺伝子（氏）か環境（育ち）かの論争は尽きず，遺伝子派はすべて遺伝子に書き込まれていると主張する．しかしながら，いかにして書き込むかという疑問には答えてくれない．氏と育ちは対立概念ではなく，氏が育ちを通じて形成されると主張するマット・リドレーは，こう主張する：「遺伝子は神でも，運命でも，設計図でもなく，時々刻々と環境から情報を引き出し，しなやかに，自己改造していく装置だった」[45]．人工物の設計では，氏（埋め込み）と育ち（学習と発達）の間のバランスは大きな課題であり，赤ちゃんの発達から学ぶとともに，ロボットを通じて赤ちゃんのミステリーに迫るという思いが認知発達ロボティクス提唱 [46, 42] のモチベーションでもあった．

　認知発達ロボティクスの核となるキーアイデアは，「物理的身体性」と「社会的相互作用」である．それらは，他者を含め環境との相互作用を通じて，情報を構造化する．以下では，それらの基本的な考えを示したあと，方法論を述べ，後の

章で具体的な研究例を紹介する.

4.2　身体性の意味と役割り

　ロボットで「身体」とは当たり前すぎると思われるかもしれないが，ロボットが「経験，学習，発達」するために，身体を持っているということ，すなわち「身体性」が重要である.浅田，國吉らは，「身体性とは，行動体と環境との相互作用を身体が規定すること，およびその内容を意味し，環境相互作用に構造を与え，認知や行動を形成する基盤となる」と規定している [47].そのような身体性は，以下をもたらす：

1. 様々な環境やその変動および，ロボット自身の内部状態を感知できる感覚能力，環境に働きかける多様な運動能力，それらを結ぶ情報処理能力は不可分であり，密に結合していること（不可分性）.

2. 限られた資源（感覚の種類や能力，運動能力）や処理能力の範囲で目的を達成するために，知覚・運動空間の関係を経験（環境との相互作用）を通じて学習できること（学習可能性）.

3. 達成すべき目標や環境の複雑さの増大に対して，適応的に対処できるように，学習結果の経時的発展（発達）を可能にすること（発達可能性）.

　これらのことを示す興味ある実験は，生後2週間の2匹の仔猫の生理実験で [48]である.回転するゴンドラの一方に子猫をのせ，片方は自力で運動して，このゴンドラを回転させ，周りの環境を縦縞の筒状態とした.このことで，視覚情報は2匹の子猫で同一である.その後，ビジュアルクリフと呼ばれる，透明ガラスで覆われた段差の歩行実験で，自ら運動した子猫の方は，段差部分で深度の違いを知覚し，段差の前で留まったのに対し，ゴンドラに乗った子猫のほうは，段差を無視してガラス板の上を歩き続けた.これは，視覚情報として奥行き情報に対する視差情報と思われる表現を獲得しても，その物理的な意味を理解出来ないことを意味する.視点が仮に身体的拘束を受けても，その意味を解釈する身体が同時に存在（不可分性）しないことには，意味がないことを示唆している.図 4.2 にその概念図を示す.蛇足だが，右上は，以前，うちのペットだったチンチラのトラ

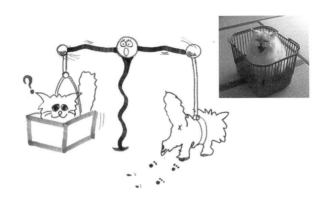

図 4.2: Held and Hein[48] における生後 2 週間の双子の子猫を使った実験の概念図

である．ところで，この実験で視覚情報を意味づけできなかった子猫はどうなったか？ 崖から落ちるので，生きていけないと思われるかもしれないが，その後，通常の環境で過ごすことで，普通のネコとなったようである（学習可能性）．これも脳の可塑性の証しである．

　身体を感覚・運動・認知を支える物理的基盤と考えると，身体の物理的構造による拘束（形態）だけでなく，感覚器，運動器，内蔵の機能など，どのレベルまで生物学的な意味合いで，その内部構造を模擬するかは，議論のまとである．

　前章で述べたように，身体は，客観的物理世界と主観的心的世界を結ぶメディアの役割りを果たしており [49]，先に述べた不可分性，学習可能性，発達可能性を有する身体性 (embodiment) としている．Tani[8] は，さらにその考え方が，自由意志や意識の問題と深く関連するとしており，身体性のもつ深淵な哲学的意味を説明している．以下では，この身体性を構成する各部についての現状と課題について探る．

4.2.1　脳神経系

　ヒトの脳神経系は神経科学や生理学などで古くから広く深く研究されている [43]が，ロボットの脳神経系としての観点からは，計算神経科学が近い分野である．脳神経系のどのレベルを対象とするかで，構成的手法のアプローチは異なる．ニュー

ロン，ニューロンの集合からなる脳領域，そして脳領域間のネットワークの各レベルが考えられる．

　近年の計算能力の増大から，大規模な脳活動のシミュレーションが可能になってきている（例えば，[50] など）．ただし，脳に限った形態が多く，身体との結合は不十分である．身体との結合では，Kuniyoshi and Sangawa [51] は，運動野と感覚野のみのごく一部を利用していたが，最近では，Yamada *et al.* [52] が 1 万倍以上の 260 万のニューロンなどのよりリアルなシミュレーションで胎児や新生児の脳と身体の活動を仮想的に可視化している．そこでは，実際の生物の神経系で観察される STDP（spike-timing-dependent plasticity：スパイクニューロンの活動電位タイミング依存性シナプス可塑性）則で学習した結果が示されている．STDP の効用に関しては議論が尽きておらず，ロボットの神経系として意義も含めて検討されている．

　ニューロンレベルから脳の領域レベルの機能で考えると，近年，レザバー計算が注目を集めており，身体との関連では，物理的身体を計算資源として捉える物理レザバーも興味深い．Nakajima [53] が，レザバー一般も含めて，その原理を平易に説明している．第 6 章に具体的な研究例を紹介する．脳の領域間のネットワークが実現されている機能としては，第 9 章で扱うミラーニューロンシステム（以降，MNS と略記）が代表格である．特に，養育者との相互作用を主体としたモデル化では重要な位置を占めている．本書の研究項目最後の 14.2 節では，ニューロモルフィックダイナミクスと称する研究プロジェクトを紹介するが，そこでは，スパイクキングニューロンやレザバーを含めて，未来共生社会で活躍する人工物の脳神経の設計原理の提案と実践を目論んでいる．

4.2.2　筋骨格系

　筋骨格系は，人間をはじめとする動物の運動を生成する身体の基本構造である．これは，従来のロボットではジョイント・リンク構造に相当するが，大きな違いは，アクチュエータとして，前者では筋肉が，後者では主に電動モータが利用されている点である．電動モータは，制御が容易であるなどの観点から，アクチュエータの代表であり，様々に利用されている．制御対象と制御手法を区別し，制御手法を駆使することで様々な動きを実現できるが，トルク，速度ともに大きく

変化する接触をふくむ激しい運動は非常に難しい。これに対し、前者は、筋骨格系身体を効率的に利用して、跳躍・着地、打撃（パンチ、キック）、投擲（ピッチング、砲丸投げ）などの瞬発的な動作を実現できる [54]。また、筋骨格の構造としては、一つの関節に対し複数の筋肉が、また一つの筋肉が複数の関節にまたがって張り巡らされ、複雑な構造となっている [55]。そのため個々の関節の個別の制御は難しく、身体全体として、環境と相互作用し、動きを生成する。一見、不都合に見えるが、逆に超多自由度ロボットにおける自由度拘束問題[1]の解決策とも言える。

このような生物にならう筋骨格系の人工筋として、McKibben 型空気圧アクチュエータが注目されている。新山・國吉 [54]、Hosoda *et al.* [57] は、跳躍ロボットを開発し、動的な運動を実現している。先の自由度の拘束に関して、この二つのグループは、二関節筋構造（一つの筋が二つの関節にまたがって接続されている構造）の脚ロボットで、運動のコーディネーションが一関節筋のみの場合にくらべ、容易であることを実験的に示している。これらは、制御が身体構造と密接に結びついていることを示している。すなわち、身体が環境との相互作用を通して、制御計算を担っているとも解釈できる [58]。その極端な例が、受動歩行 (dyanmic passive walking) [59] であろう。明示的な制御手法もアクチュエータもなしに、坂道で歩行を実現できる。これは、物理的身体のエネルギー消費（資源拘束や疲労）の観点からも重要である。

4.2.3 体表面

皮膚感覚は、その重要性の認識はありつつも、技術的な実現の限界から、人間型ロボットに、これまであまり採用されてこなかった（文献 [42] の Table III 参照）。しかし、Ohmura *et al.* [60] は、柔軟かつ切り貼り可能な触覚センサを開発し、等身大ヒューマノイドの全身に 1800 個を超える触覚として実装し、様々な身体部位と環境・対象物との接触を活用した動作スキルの実験を行った。認知発達研究の研究プラットフォームとして JST ERATO 浅田プロジェクトで開発された CB2[61] では、触覚センサとして約 200 個の PVDF 素子がシリコンの柔らかい皮

---

[1] 「超多自由度の運動機構系に対して、どのように運動を構造化するか？」は Bernstein が指摘した運動発達の基本問題である [56]。

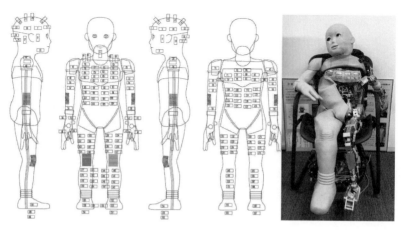

図 4.3: CB2 の触覚要素（PVDF 素子）の配置図（左）とカットモデル（右）

膚の下に装着されている．図 4.3 左は配置図である．右はカットモデルで胸の部分に PVDF 素子が見える．また，全身ではないが，Takamuku *et al.* [62] は，プラスチックの骨格にゴム手袋を装着し，PVDF 素子とひずみゲージをシリコンと一緒に注入したバイオニックハンドを開発し，指や掌の触覚と把持運動を利用して，数種の物体を識別している．センサ素子は校正されておらず，自己組織化を目指している．ヒトと比べセンサ素子は圧倒的に少ないが，受容器の種類として類似の構造を取っており，ヒトの把持スキルの学習発達研究への拡張が期待されている．

体表面の皮膚感覚は，体性感覚と密接に結びつき，ボディスキーマやボディイメージなどの身体表象を獲得する上で非常に根源的かつ重要な感覚で [63]，第 7 章で再度触れる．高次脳機能がこのような基本的な知覚の上に構成されることを考えれば，知能発達の観点から，何らかの形で実装していることが望ましい．メカノレセプターとしての構造化に加え，痛みとしての感覚は，生物の場合，個体の生命維持に必須であるが，その社会的意味としての共感は，将来，人間と共生するロボットにも望まれる．その際，明示的にプログラムされた物理的インパクトへの応答ではなく，共感としての情動表現が可能であれば，より深いコミュニケーションが可能と考えられる．これは，第 9,10 章の MNS や痛みとも深く関連

する.

4.2.4 身体性と認知

身体性は認知の構造や発達に大きく影響するはずであるから,アクチュエータが電動モータであるか,人工筋であるかは,脳の高次機能学習にも相違をもたらすはずであるが,今のところ,具体的にどういう違いをもたらすかは明らかになっていない.また,ヒトレベルの脳の高次機能獲得を目指すとき,ヒト以外の種でも可能な運動学習に利用されている筋骨格系が,ヒト特有の認知能力も獲得可能にするかという問題もある.当然,運動学習だけではヒトレベルの高次認知に到達することはできないから,新たな要因が必要となる.

一つの仮説は,ヒトの場合,養育者という社会的環境がヒト特有の能力を引き出し,ヒト以外の場合は,別の能力として適応したという見方である.傍証に値するか分からないが,幼い頃から親からの虐待を受けて長期間社会的環境から隔離された子どもや孤児の例が挙げられる.彼らは,運動発達障害に加え,高次脳機能にも障害があると報告されている [63].逆は,「ヒトと話すサル:カンジ」[64] だろう.当初,母親のマタタに言語教育を施していながら,マタタは修得せず,幼子であったカンジが間接的に言語能力を獲得したかのごとく振る舞っている例である.

4.3 心の課題

ロボットなどの人工システムとの共生を考えた場合,共生相手との心通うコミュニケーションが可能な人工システムの設計を志向することになる.そもそも心とは何であろうか? 心の機能はどのように規定されるべきか? この問題に対し,霊長類学者のプレマックとウッドラフが 1978 年に「心の理論 (Theory of Mind)」を提唱した [65].彼らは,チンパンジーの生活を観察し,チンパンジーが仲間の「心」を推測しているように見える行動を示すことや,自分以外の存在者に「心」があることを分かっているかどうかを実験的に確認した.そして,チンパンジーは仲間や人間が何を考えているのかを,ある程度は推測できると報告している.すなわち,「自己および他者の目的・意図・知識・信念・思考・疑念・推測・ふり・好

みなどの内容が理解できるのであれば，その動物または人間は『心の理論』を持つ」とし，

$$心の理論 = 自分や他人の心の状態を推測できる能力$$

と定めた．そして，チンパンジーから人間の心理学へ対象を広げられ，1980 年代乳幼児の発達心理学や自閉症を中心とした障害児心理学で脚光を浴びることとなった [65]．いくつかの心の理論テストの中でサリー・アン課題[2] は有名で，4 歳頃までは，このテストをクリアできないと言われている．自閉症でも大人であれば，クリアすると言われ，心のありようを規定するのは難しいが，すくなとも，相手の立場に仮想的にたてる他者視点取得 (perspective taking) は，心の主要な機能の一つであろう．

　それでは，ロボットなどの人工物の心をどのように定義づけすればいいだろうか？ 著者は，以下のように考えている [66]：

- 心：人間の大人の心（定型発達）．

- こころ：未熟もしくは，こころらしきものがあると考えられる動物のこころなど．非定型発達者の場合も含まれるかもしれない．

- ココロ：人工物の心もどき，もしくはこころもどきが近いかもしれない．カタカナは四角くて，いかにもである．

すなわち，心やこころが出来上がっていく発達過程とのなんらかのアナロジーを取ることが可能な状況や現象を再現することを通じて，心やこころに対する新たな洞察が得られ，理解が深まると同時に，人工物の設計論としても実現可能な枠組みを提供できることである．そのための方法論が認知発達ロボティクスである．

4.4　認知発達ロボティクスの方法論

　認知発達ロボティクスのアプローチは，以下にまとめられる：

1. 認知発達過程に対する未検証の仮説の発見ならびに新たな仮説の生成

---

[2]https://ja.wikipedia.org/wiki/心の理論

2. それらに対応する計算モデルの構築

3. 身体や器官の成長など，実機での再現が困難な過程の計算機シミュレーションによる仮説検証

4. 3 と並行して認知発達過程の一断面における仮説検証として，人間や実ロボットを用いた実験による検証

5. 3,4 の結果や経過による仮説再構成で 1 へ

上記の過程において，ロボットの利用を含む新たな計測手段の開発を既存分野と協働することで得られる新たな知見が随時利用され，既存分野への貢献も期待される．これらの相互フィードバックのサイクルを通じて，既存分野を巻き込んだ新たな科学技術分野として認知発達ロボティクスが確立される．

4.5 浅田共創知能システムプロジェクトの概要

認知発達ロボティクスの最も代表的な研究プロジェクトは，2005 年秋から始まった，科学技術振興機構 (JST) 戦略的創造研究推進事業 (ERATO)「浅田共創知能システムプロジェクト」であり，約 5 年半にわたり，ロボットなどの人工物の設計・製作・作動を通じて，人間の認知発達過程の謎に迫る研究を実施し，2011 年 3 月に研究プロジェクトを終了した．すでに 10 年近く経ち，当時，提唱していたことは，うまく実現できた部分と未解決の部分があり，それらを含めて，再考してみよう．

ヒューマノイドロボットの新たな設計・製作・作動と認知科学や脳科学の手法を用いた構成モデルの検証による科学と技術の融合した新領域「共創知能システム」を構築することを目標に掲げ，(1) 身体的共創知能（阪大：細田），(2) 対人的共創知能（東大：國吉），(3) 社会的共創知能（阪大：石黒），(4) 共創知能機構（当時，京大：乾）の四つのグループを構成して研究を展開してきた．図 4.4 にその概要を示す．個々の詳細な成果は Web ページが詳しいので参照されたい[3]．

---

[3]https://www.jst.go.jp/erato/asada/

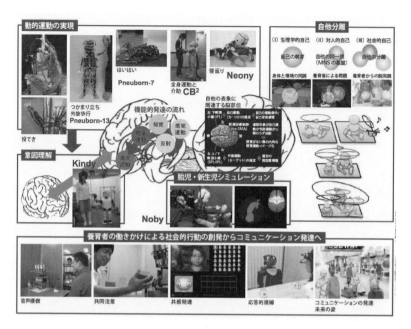

図 4.4: 認知発達マップ（文献 [67] の図「共創知能システムプロジェクトによる認知発達モデル」を引用，一部改変）

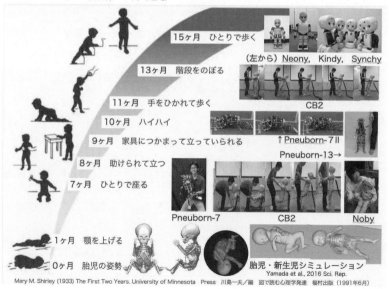

図 4.5: 月齢・年齢ごとの研究課題とそれに応じたロボットプラットフォーム

全体の成果の結論からいうと次の2点に絞られる.

1. 構成的手法の意味，すなわち橋本 [68] が言う，「従来の科学的手法が不得意とする主体性をもった対象へチャレンジできることである．もともと従来の科学的手法は，主体性をはぎ取った客観的存在としての対象を見いだすことで可能となる」という点をうまく導き出し，神経科学，発達心理，社会学との融合を可能にしたこと．典型例は，胎児・新生児のシミュレーション [51] で，細かな課題はありつつも，可視化したことの意義は大きかった.

2. 多様な試みをしつつも，発達原理そのものへのアプローチが不足していた．発達するロボットという課題が非常に大きく，各グループとも時間の流れのなかの一断面を取り上げ，その月齢や年齢ごとの課題に挑むためのロボットプラットフォームを構築し，実験してきた（図4.5）．本来，それらを統一的に扱わなければならなかったが，個々の課題も困難であり，追い求めきれなかった.

4.6　本章のまとめ

本章では本書のメイントピックである認知発達ロボティクスの概要を示した．まとめは以下である：

1. 人間の身体・脳・心の発達の構成的手法による新たな理解と，それに基づくロボットの設計論構築を目指すのが認知発達ロボティクスである.

2. 胎児から新生児に至る発達過程は劇的な変化をもたらし，ミステリーの塊で，それらに学ぶと同時に，解き明かすのが認知発達ロボティクスの役割である.

3. 身体は感覚・運動・認知を結び，それらが不可分であること，環境と相互作用すること，学習できること，発達できることを意味する.

4. 浅田共創知能システムプロジェクトでは，認知発達ロボティクスを具現化し，発達の各段階におけるミステリを解き明かしたが，発達原理そのものへのアプローチは不足していた．以降の章でそれを明らかにする.

学生さんや若手研究者へのメッセージ (3)：頭ではなく身体が覚える！

　本章でも示した Held and Hein[48] の実験のように，視覚などの感覚器からの知覚情報だけでは，画像に込められた実世界の意味を理解できない．すなわち理解自体は自身の実体験を持って再認する過程を含むのだ．コラム 15 で紹介するカルテックの下條信輔教授の研究でも意識は無意識下の過程に支えられつつ，それを意識できないことが知られている．この無意識下の過程こそ，身体が経験し情報生成とその処理を担っている．新たなアイデアを思いつくとき，意識はとっさにと思っているが，無意識下の過程が常時裏で働いている．神経科学からの興味ある話はスタニスラス・ドゥアンヌ (Stanislas Dehaene) の『意識と脳』[22] がお薦めの一つである．

4.7　コラム 5：JST ERATO 時代のグループリーダーたち

　社会的共創知能グループリーダー，阪大の石黒浩教授はアンドロイドで超有名であるが，著者との付き合いは長い．彼が森英雄・山梨大学元教授のところから阪大基礎工・辻研に博士課程の学生として入学した 1988 年春に著者は入れかわりに工学部に異動したので，出身研究室は同じだが，オーバーラップしていない．ところが健気にも，著者がどこかで講演した際，講演後，「よろしくお願いいたします」と挨拶に来たときは，「いやいや，僕はもう離れたので，そんなに気を使わなくても」と返答し，現在までの長い付き合いなど，想像だにしていなかった．研究テーマが近いこともあって，ことあるごとに研究会やシンポジウムで一緒になる機会があり，深い研究討論を何度となく行ってきた．大きなきっかけは，けいはんなで 1994 年頃から開催していた「若手知能ロボット研究会」の立ち上げで石黒教授（当時京大助教授）と國吉教授（当時電総研）が画策し，著者も誘われ，参画した．この研究会では，徹底的に議論し尽くすことを念頭において，招待講演者をギリギリのラインまで追い詰める研究会であった．当時の様子について，茂木健一郎氏が以下のように語っている：「ここほど，真摯に，また遠慮なく，それでいて激しい議論がおこなわれているところは滅多にない」．我々は世界一やさしい研究会と称していた．それは，この研究会を経験すれば，どこに行っても怖く

ならないからである．この研究会は，その後，「けいはんな社会的知能発生学研究
会」と改称し，SF作家の瀬名秀明氏にメンバーにもなっていただき，活動をまと
めてブルーバックス[69]から出版した．先の茂木氏のコメントもそこからの引用
である．この研究会を通じて，多くの方々にお会いし，アイデアを得，石黒教授，
東大國吉教授と一緒に研究プロジェクトを立ち上げた．その代表がJST ERATO
浅田プロジェクト[4]である．

　ところで，石黒教授は学生時代は酒がほとんど飲めなかった（今は，強力な大
酒豪である）．また，食事会に皆ででかけた時，他のメンバーは石黒教授の注文
を聞いてから，それ以外から選択した．それは，石黒教授が意図せず，その店で
一番まずいものを選択するというジンクスがあったからだが，いまでも有効かは
著者は知らない．

　共創知能機構グループリーダーは，阪大基礎工生物工学科が輩出した優れた人
材の一人である乾敏郎京大名誉教授（現，追手門学院大学）で，視覚認知神経科学
の専門家である．そもそも，認知だ，神経科学だと，分野を分けること自体にあ
まり意味が無くなっている時代であり，そのパイオニア的存在といっても過言で
はない．端的には，数学が分かる心理学者だ．乾教授とは，けいはんなでのビジョ
ンの研究会（ヒトとロボットの視覚を分け隔てなく研究対象とするためのネーミ
ング）で視覚認知神経科学関連の議論を行っていた．2000年当初，乾教授がリー
ダーのプロジェクトに参画させていただき，認知発達ロボティクスの研究を行っ
ていたが，不幸にも，研究資金提供機関の都合により，プロジェクトが打ち切りと
なった．そこで，新たに研究資金を模索するうえで，JSTのERATOプロジェク
トをターゲットにした．ERATOは研究内容でなく，総括という研究者に資金提
供するポリシーの構造で，推薦を受けたあと，研究構想を提出して，かなりの競
争倍率をぬけてヒアリングに進んだ．2005年の夏のことで，実は，ロボカップ大
阪大会の実行委員長ではなかったが，プレジデントとしてオーガナイズしていた
ときで，ホテルの部屋で委員会メンバーなどが宴会しているときに，パワポの準
備をしていたことを思い出す．採択予定数の倍の構想が諮られるので，50%の確
率だ．その時の共創知能システムプロジェクト構想の中の共創知能機構グループ
リーダーをお願いしていて，イメージング研究をメインに据えた脳研究を担当し

---

[4]https://www.jst.go.jp/erato/asada/

ていただくことになっていた．その時の審査員の一人が甘利俊一先生で，ポジティブな質問を頂いた．提案構想は無事採択され，その時，別の ERATO プロジェクトを走らせていた東大の合原一幸教授からは，ERATO 史上，最年長のグループリーダーかと言われていた．

　乾教授の著作物は多々あるが，著者が影響を受けたものとして，二つ挙げておく．Elman *et al.* [70] の "*Rethinking Innateness: A Connectionist Perspective on Development*" の訳本『認知発達と生得性 – 心はどこから来るのか –』[71] である．ニューラルネットワークの研究者である Connectionist からの発達に対する視点，すなわち，何が生得で，何が生得でないのか，といった発達の原理に関する議論だ．豊富な例を基に，発達の謎に迫る優れた書籍である．もう一つは，『感情とはそもそも何なのか：現代科学で読み解く感情のしくみと障害』[31] と題する書籍で，難解と言われている Friston の自由エネルギー最小化規範に基づく予測符号化 [72, 73] を用いた，ヒトの脳の働き，特に情動から感情が生まれる仕組みとしての内受容感覚の重要さを説いている．碩学の乾教授ならではの真骨頂の書である．

　対人的共創知能グループリーダーの東大の國吉教授だが，彼が院生博士課程の時期からの付き合いである．それは，先に紹介した恩師の辻三郎教授らが某企業の研究所と開催していた研究会だと記憶する．レンズ系などのハード（1990 年代後半に開発していたステレオトラッキングシステム ESCHER[74] など）から情報処理のソフトまで幅広くカバーしているが，それにもまして，認知への洞察の深さが一番特徴だろう．以来，長い付き合いである．本書の核である認知発達ロボティクスを始めとする関連研究では非常にお世話になっている．もっとも充実した期間は，JST の浅田 ERATO 時代 (2005–2011) の 2006 年に刊行した岩波講座ロボット学の『ロボットインテリジェンス』[47] では，かなり長く議論しながら，まとめたことを覚えている．その後，著者は科研の特別推進研究 (2012–2016)[5]，國吉氏は科研新学術（同じく 2012–2016）[6] 代表でさらに発展させてきた研究同僚である．著者は嫌煙家で氏は愛煙家であり，事あるごとにやめるよう勧めているが，彼の深い思考の源と考えるとやむなしか？ いやいや，タバコなしでも深い思考は可能であることにチャレンジしてほしい．

---

[5]http://www.er.ams.eng.osaka-u.ac.jp/asadalab/tokusui/
[6]http://devsci.isi.imi.i.u-tokyo.ac.jp

　身体的共創知能グループリーダーの阪大の細田耕教授の紹介だが，著者の経歴裏話も含めて，少し長くなるが，ご容赦願いたい．著者は，1988年から白井教授と一緒に阪大工学部電子制御機械工学科の講師，准教授（当時，助教授）として活動していたが，着任当初から，著者自身は上司の白井教授には4〜5年で出ていくことを宣言していた．時期が近づいたので，そろそろ移動の準備をしようと思っていたところ，工学部機械系の教授会から新しい研究室（実は，着任当時から空いていたロボット工学講座）の運営を打診された．著者としては，自分の研究が独立して行えるならばどこでもいいのと，自宅の引っ越しがないので，こっちのほうが手間がかからないと思い，受けることにした．1992年の春である．助教授一人が一研究室分の運営を任されたのである．当時の機械系の運営の特徴として，助教授一人であろうが，教授，助教授，助手2名（当時の典型）のフルスタッフの研究室であろうが，講座の運営交付金が同額であった．専攻の主任の教授に着任（といっても研究室の移動，それも同じ建物の4階から2階）の挨拶に行った時にその理由を尋ねた．回答は至極納得の行くものであった．まず，機械系はイーブンであることをポリシーにしていること（良くも悪くも），そしてもう一言，「退官間近の教授の研究室とバリバリの若い助教授の研究室でどちらが運営交付金の投資効果があると思いますか？」，そして「だからイーブンなんです！」と告げられた．非常にラッキーであった．通常，助教授一人だと半講座扱いするところが多かった時代である．さて，本題に戻ろう．学生が翌年から入ってくるので，新しいスタッフが必要で，何人かの関連の先生にその情報を流したら，当時京都大学の吉川恒夫先生から，博士取得予定の博士後期過程の院生細田耕さんを紹介された．面接時，「著名な吉川先生の下で過ごしてきたので，まだ著名でない先生と一緒に活動したい」と言われ，「よっしゃ，一緒に有名になろうぜ」と声には，出さなかったが，ともかくがんがんの元気さを買って，助手として1993年の4月に着任してもらった．当初，ロボット制御屋さんのアプローチをベースにしたアイデアをもとに討論していたが，非常に堅い印象であった．しかしながら，その堅さがロボットの設計・製作・作動に生きた．著者の研究室で初めてのロボットの動作（強化学習のサッカーロボット）を実現してくれたときには，感謝の気持ちでいっぱいであった．1998年4月から一年間，スイスのロルフ・ファイファー (Rolf Pfeifer) 教授の下で，いまでいうソフトロボティクスの原型と思われるアイデアを獲得し，帰国後，空気圧アクチュエータの人工筋を用いた実にさま

ざまなロボットたちを開発し，歩行，跳躍，走行，到達，物体把持と操りに挑戦した．特に著者が JST ERATO の総括時（2005–2011），身体的共創知能グループリーダーとして，大活躍してもらった．その後，屍体足に人工筋脚を取り付けて，足首周りの挙動の観察から二足歩行の解明にチャレンジした．まさしく，構成的手法である．阪大の情報科学研究科へ教授として異動後，同大の基礎工学研究科に転任された．そこは，著者自身の出身の専攻である．最近の研究をとりまとめた『柔らかヒューマノイド』[75] は，技術の話に加え，さまざまな経験から醸し出される研究者としてのポリシーやその実現方法など，読み物としても非常に参考になる書である．現在，著者は日本ロボット学会の会長であるが，同学会の英文誌 *Advanced Robotics* のエディタ・イン・チーフを務めて頂いており，著者との運営の関連での議論も続いている．

第5章　情動から共感へ

　前章まで，認知発達ロボティクスの基本的な考え方を示し，それにより人工的に知能が創発する枠組みの可能性を議論してきた．では，感情や情動は人工システムには必要ないのだろうか？　知能という認知的な側面が情動的な部分とは乖離しているように見えるから，そう思うのだろうか？　言語コミュニケーションは，一般に非言語コミュニケーションに支えられていると言われている[1]．ならば，知能は情動で支えられていると言えるだろうか？　人間の場合は，ダマシオのソマティックマーカー仮説 (somatic marker hypothesis) [76] が，それを示している．すなわち，「...... 潜在意識下での心的イメージ（いわゆるソマティック・マーカー）の生成は情動的状態のきっかけとなり，意思決定に影響を及ぼす......」．それでは，人工システムはどうであろう？　本章では，人工共感をシンボリックなゴールと想定し，情動から共感に至る過程の理解と構築を目指す．

5.1　身体性と感情・情動

　著者は「エンタテイメントロボティクスと情動・知能」と題する解説 [77] を 2004年に著し，エンタテイメントにおける情動の階層性について議論した．情動の神経科学的な様相について，図 5.1 左に示す情動表出に関連する神経回路の下降投射系，すなわち脳から身体への信号伝達系の概念図を用いて説明した．そこでは，自発的な運動経路と相まって，情動による特定行動やリズミックな運動生成などが最終的な筋肉や腺の運動と活性に結びついている．

　情動と感情はしばしば混同され，心理学，生理学，神経科学など分野によって定義が微妙に異なっている．分野ごとに目的が異なるので，やむを得ないかもし

---

[1]メラビアンの法則では言語が 1 割以下と言われている (https://ja.wikipedia.org/wiki/アルバート・メラビアン).

れないが，設計の観点からは，この点を明確にしなければならない．本書では，設計論の立場から，Damasio and Carvalho [78] や乾 [31] の説明にならう．

　図 5.1 右に，これらの関係について，人工物を想定した場合を上書きして示す．身体の恒常性（ホメオスタシス (homeostasis)）を内因的に変化させた場合の内受容による感知が「感情」であり，これ自身が新たな身体状況の変化を及ぼす（動因（行動プログラムのサブセット））．これに対し，外受容によって示される外界の変化が引き起こす行動プログラムが「情動」である．そして，情動の帰結として感情が引き起こされる．ややこしいのは，情動と感情の両方に同じ名前が付されている場合があることだ．例えば，「恐怖」は恐怖刺激によって引き起こされる生理学的な行動プログラムである「情動」と恐怖自体の意識的経験である「感情」に名付けられているのである [78]．外受容からの入力に対する解釈は，記憶の階層構造化 [77] により，原初的応答から認知過程を経た高度な情動応答にわたる．

　関連する初期のパイオニア的研究の一つは，早稲田大学の WAMOEBA [80, 81] で，彼らは，自己観察システムとホルモンパラメータに基づく自己保存と連結した情動状態を表出する情動モデルを提案した．このシステムは外界からの刺激に対して，身体感情を安定に保つように適応的であった．したがって，最適行動は，エネルギー消費を最小にするため，外界からの刺激がないかぎり，睡眠することであった．この研究は，自己保存と本能的な部分に繋がる情動に関して先駆的であった．これらの情動モデルに従い，情動的表情表出する点も評価される．ここで，本能的な部分は，生き残りパラダイムを意味し，生物進化にならい，設計者がロボットに埋め込んだものである．これは，上記でいう「行動プログラム」に対応する．

　人工システムの設計論からの考察として，以下がポイントになろう：

1. バッテリーの充電度合い，電源の安定度，モーターの温度などのロボットの内受容がホメオスタシスに対応し，人工感情のベースとなる（詳細は菅野の解説 [82] 参照）．

2. 外界からの刺激により起動される行動プログラムは，恐怖など瞬時に対応しなければならず，進化的要因から事前に埋め込まれることが上記では想定されているが，ロボットの場合，設計者による埋め込みと学習過程により獲得することもありうる．

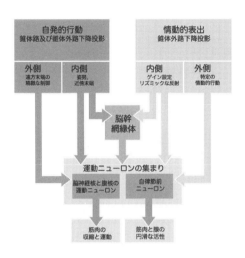

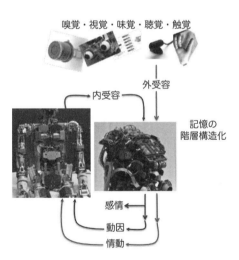

図 5.1: 情動表出に関連する神経回路の下降投射システム（文献 [79] の FIGURE 29.2 を改変）（上）と Damasio and Carvalho の感情と情動の定義（文献 [78] を参考に作成）（下）

3. 情動による行動プログラムにより内部状態変化が生じ，結果として感情が想記されうる．また，行動プログラムが起動されなくても，記憶などにより，直接，情動に関連した感情が想記されうる．

4. 「痛み」の感覚は，通常の触覚刺激が過大になるのではなく，別の異なる神経経路が存在し，痛覚経路を構成している [79]．このことは，人工システムにおいても緊急回避的な行動プログラムの前提としての受容器を想定することになるであろう．外受容であれば外界からの大きな打撃などが，内受容であれば故障による機能不全などが考えられる．第 10 章で痛覚に関して触れる．

5.2　共感の進化と発達

　共感と同情はしばしば，混同して用いられている．ここでは，個体発生，系統発生，脳のメカニズム，精神病理学の観点からの神経科学的レビューである Gonzalez-Liencres *et al.* [83] の文献の定義に従って，共感を定義する．単純な情動伝染 (emotional contagion) から高次の共感行動まで多岐にわたるが，系統発生的に古い大脳辺縁系の構造と新皮質の脳領域の両方を含み，オキシトシンやバソプレシンなどの神経修飾伝達物質は，ポジティブにもネガティブにも共感のレベルを増幅（低減）する機能を持っていると考えられる．狭義の共感は，他者の情動的状態の身体化表現を構築すると同時に，他者の情動的状態がどのようにして引き起こされたかのメカニズムに気づく能力である [83]．これは，共感者が自身の身体的状態を内受容的に気づき，自他を区別する能力を引き出す．

5.2.1　情動伝染から妬み/シャーデンフロイデまで

　情動伝染は，動物が自身の情動状態の共有を可能にする進化的プレカーソルである．ただし，動物は，なぜ他者がそのような情動状態になったかを理解できず，その意味で，情動伝染は，自動的，無意識的，そして，より高いレベルの共感の

ための基礎でもある（図を先取りするが，これは，図 5.4 中の数字 (2) の部分に対応する．以下，同じ）．

情動的共感（図 5.4 (3)）と認知的共感（図 5.4 (4)）（emotional empathy and cognitive empathy, 以下，EE と CE と略記）は，自身への気づき (self-awareness) 能力のある動物，すなわち，霊長類，象やイルカなどに生じる．ただし，気づきの存在に関しては，議論が尽きない[2]．このような複雑な情動と自身への気づきの神経表象は，前帯状皮質 (anterior cingulate cortex, ACC) と前部島皮質 (anterior insula cortex) に局在する [84]．EE と CE の違いは，次のようにまとめられる．EE は，CE よりも古い系統発生特性を持ち，情動伝染により引き起こされる過程である身体化シミュレーションを通じて，他者の感情を共有することで，他者の感情の表現を構成可能にする．CE は，心の理論 [85] の定義とかなり重なっており，類人猿とヒトに存在する [86]．また，他者視点取得や他者の心の理解 (mentalizing) を必要とする [87]．

他者に引き起こされる情動の原因に関する推論を必要としない情動伝染に比べて，EE と CE は，自他の情動状態の区別を必要とし，自身の身体化された情動表現を構成する．発達後期の EE と CE では，観察者の情動状態は，観察された他者のそれと，必ずしも一致する必要はない．

同情と哀れみ (sympathy and compassion)（図 5.4 (5)）は，情動状態の観点で共感に似て見えるが，相手の情動状態への応答の方法で異なる．ともに，他者の情動表現を形成する能力を必要とする．共感の場合は，情動状態は，同じだったが [88]，情動は必ずしも共有される必要はない．このことは，同情と哀れみが，自他の識別に加え，自身の情動を制御する能力を必要とすることを示唆する．

情動制御の二つの拡張がある．一つは，集団の内か外かの認知によるもので，内の場合，同情や哀れみが，外の場合，その逆の応答が現れる．これは，妬み/シャーデンフロイデ (envy/shadenfreude)（図 5.4 (7)）と呼ばれており，初期の非定住民の社会的団結の淘汰圧への応答の中で進化したと言われている [83]．

二つ目のタイプはメタ認知 (meta cognition) を必要とし，一種の代理情動 (図 5.4 (6)) を表す．すなわち，自己と他者のイマジネーションである．典型例は，悲しい音楽を楽しんでいる状況に見られる．そこでは，悲しい音楽を客観的（仮想

---

[2]例えば，以下を参照：http://www.world-of-lucid-dreaming.com/10-animals-with-self-awareness.html

65

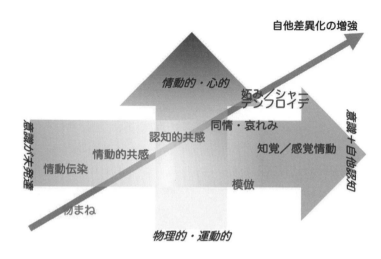

図 5.2: 共感に関連する用語の図式的記述（文献 [90] の Fig. 2 を引用，日本語化）

的）自己が悲しいと知覚するのに対し，主観的自己は，悲しい音楽を聴くことを楽しむ [89]．これは，自己を他者とみなすメタ認知による情動制御の一例である．

5.2.2　共感に関連する用語の図式的記述

　図 5.2 は，これまでの共感に関連する用語を図式的に表している．横軸は，意識のレベルで，意識が未発達（左端）から自他認知を伴う発達した意識（右端）を表している．これに対し縦軸は，物理的/運動レベル（下）から情動/心的レベル（上）へのバリエーションを示している．一般には，これらの軸は，分離した「意識の発達軸」，「物理的レベルから心的レベルへの変遷軸」を表すが，共感に関連する用語は，これらの二軸による二元論が必ずしも自明でない空間に分散していると見なす．加えて，三つのポイントがある：

1. この空間では，位置は，二軸の相対的重みを表し，上位（右か上）は下位を内包する階層構造を示している．当然ながら，下位は上位を内包していない．すなわち，意識と自他認知は無意識下のプロセスを内包するが，逆はない．

2. 左（下）から右（上）に向かう方向は，進化の方向を示し，個体発生が系統発生を繰り返すならば，発達過程とも見なせる．それゆえ，共感発達の全体概要は，左下から右上に向かう緩やかなスロープと見なせる．

3. 上記の矢印は，自他差異化の発達過程 [87] も表す．詳細は，文献 [90] で議論している．

5.2.3　自他認知の発達と共感の関係

図 5.2 や図 3.2 に示しているように，自他認知発達ための同調のターゲットは，物理的物体から始まり，他者の動き，そして最終的に他者の心的状態と変化する．したがって，行動も初期のリズミックな運動のプリミティブから，それらが構造化されたもの，さらには，心的状態によって引き起こされる共感的/同情的な顔表情や利他的行動にまでいたる．自己の発達の 3 段階は，実際はシームレスに繋がっていると想定される（より詳細な議論は，文献 [91] を参照）．この 3 段階の変化過程で，異なるレベルの同調が起こる：

1. 情動伝染：後で述べるように，情動伝染は，他者のプリミティブな運動を自動的に真似する物まね (motor mimicry) と密に関連する．それゆえ，このタイプの同調のレベルは，周期的な運動のような原初的なものである．

2. EE と CE：情動伝染や物まねを通じ，自己への気づきや他者視点取得の発達を経て，他者の心的状態を観察したり，推定することで，さまざまな心的状態が引き起こされる．その心的状態は，他者と同じであり，同調対象は心的状態とみなされる．

3. 同情と哀れみ：EE や CE と異なり，同情や哀れみでは，引き起こされる心的状態は，他者の心的状態と異なる．これは，いったん，他者の心的状態を理解（同調）し，その後，悲哀や悲しみなどの心的状態を引き起こす（脱同調）．

これらの異なる（脱）同調の構成は，以下に述べるように，自他認知の発達を伴う．

図 3.2 上段に示される発達過程に応じて，下段は，三つの段階に対応する機構を示している．共通の構造は，一種の「引き込み」機構であり，エージェントの

同調対象は，物体から他者に変化する．この変化に応じて，自他認知のより高度な概念やその制御を獲得するための副次的な構造が付加される．

　最初の段階では，物体との単純な同調が実現され，第 2 段階では，養育者が同調を初期化し，自己主体感が徐々に確立し，抑制のサブの構造が，ターンテーキング用に付加される．最後に，同調対象切替えのための，より高度な同調制御スキルが足され，十分に発達した切替えスキルに基づいて，ごっこ遊びなどの，対象に対する仮想的な行動が実現される．

　文献 [92, 93] に，自己の発達，自他認知，共感や模倣に関する用語の間の関係を関連文献と一緒にとりまとめている．模倣関連の用語は，de Waal[87] による．彼は，模倣と共感の進化の並行性を自他認知の軸と合わせて主張しており，我々は，この過程を共感の発達に適用する．

5.3　人工共感に向けた共感・模倣・自他認知の発達

　フランス・ドゥ・ヴァール (Frans de Waal) [87] は，情動伝染と物まねからはじまる模倣と並行する共感の進化の過程を提案した．情動伝染と物まねはともに，知覚行動照合 (perception-action matching (PAM)) と呼ばれる照合過程をベースとしている．心的レベルの情動伝染と身体レベルの物まねは相互依存的で，後者は一種の共鳴機構 (motor resonance) を必要とする [94]．情動伝染と物まねの関係は，物理的/心的同調を結ぶ最初の重要な段階である．図 5.3(a) は，彼が提案している共感の進化図である．同図 (b) は，(a) を上下逆さまにし，図 3.2 の自他認知発達過程，および認知発達ロボティクスの基本概念である身体性と社会的相互作用を重ね合わせている．

　5.2.1 項の説明も含め，共感の発達（進化）過程をまとめると図 5.4 になる．左から右への流れは，自他認知と情動制御の発達と進化の方向を示している．小円の中のカーブ矢印は，エージェントの内部状態を表し，自他を識別できない状態 (1) から，完全に分離し，異なる情動状態をもつケース (7) までに至る．カーブ矢印の向きは，情動状態の位相を示し，EE や CE まで (4) は，同位相で同調している．(5) から (7) に関しても 5.2.1 項で説明しているとおりである．

　一般に発達過程は多様であるが，およその系列的な変化を想定する．ある段階の学習過程では，前提となるのが，前段階の学習過程で獲得された機能であり，現

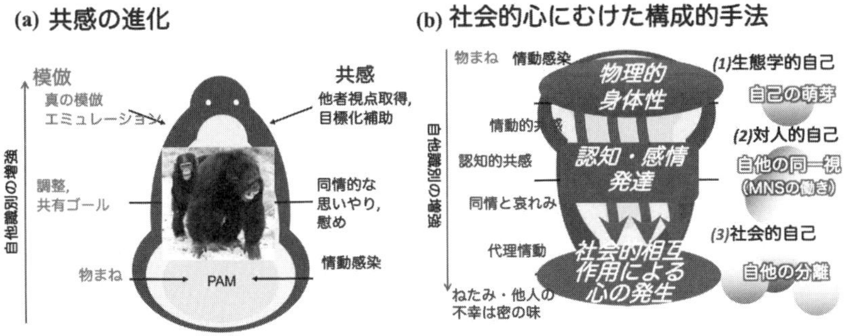

(a) 共感の進化
模倣
真の模倣
エミュレーション
調整,
共有ゴール
物まね
PAM
共感
他者視点取得,
目標化補助
同情的な
思いやり,
慰め
情動感染
自他識別の増強
(b) 社会的心にむけた構成的手法
物まね
情動感染
情動的共感
認知的共感
同情と哀れみ
代理情動
ねたみ・他人の
不幸は密の味
物理的
身体性
認知・感情
発達
社会的相互
作用による
心の発生
(1)生態学的自己
自己の萌芽
(2)対人的自己
自他の同一視
(MNSの働き)
(3)社会的自己
自他の分離

図 5.3: 共感の進化と自他認知の増強：(a) 共感と模倣の並行進化過程（文献 [87] の Figure 2 を引用，一部改変），(b) 共感の進化と自他認知増強の並行性（文献 [90] の Fig. 5 を引用，一部改変）

感じた情動
同情と哀れみ
情動伝染
情動的共感
認知的共感
知覚された情動
MNS
自己の気付き
他者視点取得
心の理論
情動制御
メタ認知
物まね
運動共鳴
模倣
ねたみ・他人の不幸は蜜の味
環境との同調
養育者からの同調
複数者との同調・脱同調
予測的運動制御
同調機構
抑制
能動制御
自他識別の増強

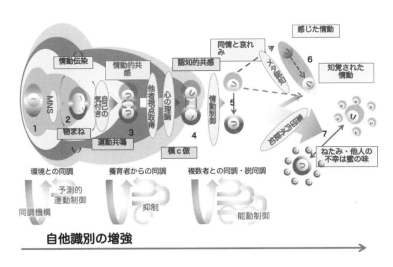

図 5.4: 共感・模倣・自他認知の発達の概念モデル（文献 [90] の Fig. 6 を引用，一部改変）

段階の学習過程で獲得される機能は，次の段階での学習過程の前提となる．先に
説明したように，図 5.4 では，MNS を前提とすることで，情動伝染が生じ，結果
として自己の気づきに至るが，これが，次の段階の EE の獲得の前提となるとい
う具合である．必ずしも経路は一つではないが，ハンディキャップの多い人工シス
テムとしては，まずは，この経路を第一段階としてチャレンジすべきであろうと
考えている．実際，どこまで埋め込んで，どこから学習過程に任すかは，ロボッ
トにおける「氏と育ち」の問題である．

5.4　予測学習規範による発達原理の可能性

Nagai and Asada [95] は，認知発達ロボティクスを支える発達原理の一候補と
して，Friston [72] の自由エネルギー原理に基づく，感覚運動情報の予測学習を提
案している．図 5.5 にその基本アーキテクチャを示す．予測器は，現在の時刻 t の
感覚運動信号 $s(t)$ と $a(t)$ に基づき，次の時刻 $t+1$ の感覚運動信号 $\hat{s}(t+1)$ と
$\hat{a}(t+1)$ を予測学習する．時刻 $t+1$ の実際の感覚運動システムから得られる感
覚フィードバック信号 $s(t+1)$ が，予測誤差 $e(t+1) = s(t+1) - \hat{s}(t+1)$ を計算
するのに使われる．予測学習のゴールは，予測誤差 $e(t+1)$ を最小化することで
ある．

図 5.5 左に，この予測学習規範を自己の感覚・運動経験に適用した場合を示す．
予測可能な部分が自己に，予測困難な部分が他者に対応する自他認知課題に適応
可能である．同図右は，他者に適用した場合で，予測した運動信号の実行による
他者運動起因の予測誤差の最小化が図られ，模倣や援助行動につながる．共同注

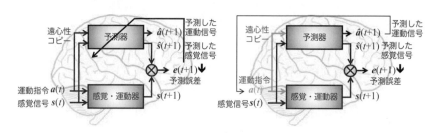

図 5.5: 予測学習規範を自己（左）と他者（右）に適用した場合の例

意（第 8 章）や情動発達なども含まれる．

認知発達ロボティクスの究極のゴールは，系列的な発達段階すべてを通した実現である．上記の予測学習モデル規範は，予測誤差最小化を道具として，発達原理を追求しているが，予測誤差最小化だけでは，発達の説明が不足しているようにみえる．そのため，現状は，各段階において，試行錯誤している状況で，根源的な神経アーキテクチャによる計算機シミュレーション，fMRI や MEG（脳磁図）などのイメージング研究，心理・行動実験，それらを支えるロボットプラットフォームの研究が交叉し，新たな価値観の創出を目指している．以下では，認知発達ロボティクスの観点から，図 5.4 に示した共感の発達過程に位置づけて，基本的な神経構造の働き，身体性，ミラーニューロン (mirror neuron)，共感の初期発達，母子間相互作用（共同注意，音声発達）などについて，研究例を紹介する．

5.5　本章のまとめ

本章では，情動から共感に至る過程を扱った．まとめは以下である：

1. 情動は生理的反応で，感情はそれに伴う主観的意識体験である．

2. 共感の発達は，情動伝染からはじまり，情動的・認知的共感に至り，そこから同情や哀れみに進展する．さらに，集団内外認知やメタ認知にも及ぶ．

3. 上記の発達過程でロボットに必要な機構は環境や人間との相互作用において，同調や引込メカニズムであり，加えてターンテーキングや同調相手への切り替え機構と考えられる．

4. 予測学習規範は発達原理の有力な候補の一つで，発達段階の多くの行動学習の可能性を秘めている．

学生さんや若手研究者へのメッセージ (4)：常識を疑ってかかれ！

著者が創設者の一人であるロボカップについては，別の書で詳細を語るが，ここでは，一つだけ逸話を紹介しよう．2002 年の福岡大会の小型リーグの覇者のコーネル大学はチームリーダーのラファエッロ・ダンドレア (Raffaello D'Andrea) 教

授が自動搬送倉庫システムの Kiva System を 2003 年に設立した．倉庫の棚は動かないという常識を破り，小型ロボットリーグで培った移動ロボット技術を駆使して，棚を俊敏に移動させた．ご存知のように，2012 年にアマゾンに買収され，AmazonRobotics として活動している．当のダンドレア教授は現在，スイス連邦工科大学チューリッヒ校（Eidgenössische Technische Hochschule Zürich, ETH Zürich, ETHZ）に移動し，ドローンの制御などで評価され IEEE Robotics and Automation Award を 2016 年に受けている．棚は動くのである．

5.6　コラム6：表象なき知能のロドニー・ブルックス 元 MIT 教授

　サブサンプションアーキテクチュアで著名な元 MIT・AI ラボのブルックス教授と初めて会ったのは，池内克史元東大教授が MIT に在籍時の 1983 年，ラボを見学中にくせ毛の長髪をかきあげながら現れ，簡単な挨拶だけしたのを覚えている．当時はコンピュータビジョンで有名で ACRONYM と呼ばれる画像解析システムの構築と著書が頭にあったので，ACRONYM の人だなぁとの印象であった．iRobot 社のルンバ，Rethink Robotics 社のバクスターなどロボットベンチャーを立ち上げ，実用性の高いロボットたちを社会に送り出した．54 歳の若さで MIT を退職し，MIT でもっとも若い名誉教授の称号を授かっている．弟子たちが退職記念に MIT で開催した Rodney Brooks Workshop に招待され，講演したが，著者の前にエリック・グリムソン，金出武雄，マット・メイソン，トーマス・ロザンヌーペレスと超豪華メンバーであった．エリックやマットは，業界用語を使ってギャグや冗談を連発し，会場から爆笑の嵐をさらっていた．さすがに，これに対抗するのは難しかったが，幸い，コーヒーブレークが入り，胸をひとなでしたものであった．後で金出先生に伺ったら，あれには勝てないと仰られ，妙な安心感を得たものだった．その後，さまざまな WS やシンポジウムで同席したり，偶然，空港のラウンジであって，酒を飲み交わしたりしてきた．Rethink Robotics 社は残念ながら廃業に追い込まれたが，現在は，UC サンディエゴのヘンリック・クリステンセン教授らと一緒に昨年 Robust AI 社を設立したようで，この業界でいまもトップを走る健在さで，見習いたいものだ．

次章以降の構成について

　前章と本章において，著者の人工知能研究の核となっている認知発達ロボティクスの基本的な考え方，そして，その考え方に基づいて，情動・共感を紐解いた．次章以降では，これらのコンセプトを具現化した実際の研究を紹介していく．

　自己の発達から始めると，胎児，新生児，そして乳児後期の間の 6〜9 ヵ月頃までは，生態学的自己（図 3.2(1)）が中心となり，母胎を含む環境との相互作用が中心で感覚運動学習のシミュレーションを主体とするのが，第 6 章「脳神経系の構造と身体との結合」で，ニューラルネットワークの構造が及ぼす機能の課題，胎児の感覚行動シミュレーション，脳と身体結合による動的な神経ネットワーク構成の課題などが含まれる．感覚運動学習で得られるものは，さまざまな行動や状態を想起するための身体表現で，第 7 章「身体表現の獲得」で扱う．

　6〜9 ヵ月頃から始まる共同注意は，養育者との社会的相互作用の始まりで，初期の受動的な共同注意から，1 歳半頃に観られる能動的な共同注意にいたり，第 8 章「共同注意の発達」で扱う．10 ヵ月ごろから始まる模倣は，社会的行動を獲得していく上で，非常に重要な行動であり，ミラーニューロンと合わせて，第 9 章「模倣と MNS」で扱う．そして，痛覚が引き出す共感の始まりが，第 10 章で述べる「人工痛覚と共感の発達」である．これらは，対人的自己（図 3.2(2)）の中心課題で，徐々に社会的自己に進展していく．

　言語コミュニケーションは，人間特有の能力と言われているが，音声獲得学習は最初から養育者との相互作用からはじまる感覚運動学習であり，誕生から 6 ヵ月ころまでの発声獲得は，通常の感覚運動学習と合わせて認知発達ロボティクスのメインの課題であり，第 11 章「音声の知覚と発声の発達過程」で解説する．この時期は，音声コミュニケーションの始まりで生態学的自己から対人的自己，そして社会的自己（図 3.2(3)）への橋渡し的役割を担う．

　その後，第 12 章の「言語獲得への過程」へと続く．さらに，小学校から中学，大人へと発達する時期に関しては，ヒト自身の発達のミステリーが多く，イメージング研究を主体とした社会的自己の課題である．当然だが，生態学的，対人的，社会的と自己概念の発達は階層構造をなしており，上位が下位を含む．個々の研究の全体からの位置づけが，多少ともわかりやすくなることを期待して，下図に，年月齢（縦軸）と主に関連する分野である発達心理と神経科学との距離感（横軸）

を考慮して，スコープをある程度反映したマップを示す．数字は章番号である.

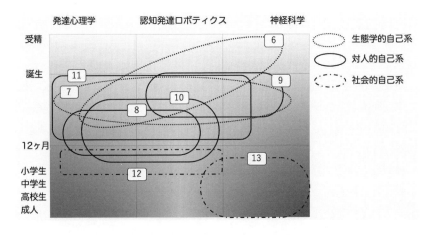

第6章 脳神経系の構造と身体との結合

　第3章の図3.2に示した自己の概念の発達過程の一番目は，自分の身体や運動を感じる生態学的自己の始まりである．身体と脳神経系のカップリングによる環境との相互作用で，本章では，大脳皮質のニューラルネットワークにおける情報構造解析としてのシミュレーション結果をしめす．レザバー構造を用いた一般的な入出力シミュレーションから，筋骨格による運動系の解析に及ぶ．

6.1　スモールワールド・ネットワークとレザバー計算

　レザバー計算 (reservoir computing) は，入力層，隠れ層（相互結合のレザバー層），出力層からなる再帰型ネットワークの計算手法の一種で，入力から隠れ層への重み，隠れ層内のニューロン間の重みを固定し，隠れ層から出力層への重みのみを学習対象として高速，簡易化した計算手法であり，大脳皮質のモデルとしても，最近話題である．さらに，レザバー部分のネットワーク結線構造として，以下で説明するスモールワールドネットワーク (small world network) もホットな話題である．

　円環状に配置された各ノード間で隣同士の近傍のみのエッジで結線を施したものがレギュラーネットワークである．このエッジを確率 p で別のノードに付け替えることを考える．$p = 1$ の場合，すなわちすべてのエッジが付け替えられる場合は，ランダムネットワークと呼ばれる．前者は局所的な結合のみで，後者は長距離のエッジが多くなる．$p \approx 0.1$ のとき，局所的な結合と長距離の結合が混在し，スモールワールドネットワークと呼ばれている．レザバー計算では，時系列の信号を記憶するので，その能力指標として記憶容量と非線形時系列信号の予測が挙げられる．しかしながら，レザバーのスモールワールド性が能力にどのように影

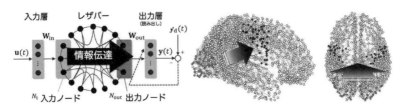

図 6.1: スモールワールドネットワークレザバーの構成と人の皮質の結線データ

響を及ぼすか自明ではなかった．Kawai *et al.* [96] は，図 6.1 の左に示すネットワーク構造で以下の条件のレザバーを構築し，能力指標を比べた：

1. 中央のレザバーをスモールワールドネットワークで構築する（比較は，レギュラーとランダム）

2. 入力部と出力部の結合ノードを限定し，それぞれをを両端に配置（比較は全結合）

提案手法が能力指標で優れており，本手法を実際の人の皮質のネットワーク（公開データ [97]，998 ノード，6000 エッジ）とも比較した．図 6.1 の中央で左端の灰色が視覚ノード，中央の黒の塊が運動ノードで，脳の上からの図が右端にある．結果として，同様の能力を示し，スモールワールドネットワーク性がレザバー計算に有効であることを示唆する．ただし，タスクやレザバーの他のネットワーク構造など，多くの考慮すべき研究トピックがあり，今後の進展が期待される．

6.2　胎児の発達とそのシミュレーション

近年，4 次元超音波撮像などの可視化技術の進展により，胎児の様々な行動および能力が明らかになりつつある（例えば，文献 [98] の第 5 章など）．ただし，この時期は，自己他者未分化状態と考えられ，母胎内羊水環境で，母親の身体の内外からの刺激としての音や光などが非明示的な他者として関わる．

胎児の感覚の始まりとして，図 4.1 に示したように，触覚は受精後約 10 週から，また視覚は 18 から 22 週の間くらいからと言われている．ただし，成人とは異なり初期レベルであり，ばらつきもある [99]．身体表象が身体のクロスモダルな表

現だとすると，視覚によって他者の身体を知覚する前から，自身の身体表象が触覚などの体性感覚と運動の学習からある程度獲得されると仮定しても不思議ではない．この時期は，視覚，聴覚が作動しつつも，発声や四肢の運動との明確な結びつきが薄く，それぞれが未分化，未発達な状態にあると仮定できる．

　Kuniyoshi and Sangawa [51] の研究では，人の身体，神経系の生理学的知見に基づく個々のモデルを組み合わせ，一つの赤ちゃんモデルとした．そして，このモデルを用い，母胎中の胎児の発達および，誕生後の行動をシミュレーションし，人の運動発達の理解を目指した．学習の結果，皮質上に，筋肉ユニット配置，より一般には，体性感覚・運動マップが獲得される．この学習により母胎内では，当初ランダムであった運動が徐々に秩序化してくること，さらに誕生後，母胎外の重力場での運動は，はいはいや寝返りに似た運動が創発したと報告されており，まさに，"Body shapes brain" [100] の典型例と言える．彼らのアプローチは，個体発達の構成的手法の基本原理と考えられる．最近では，これを起点として，脳や身体，環境のシミュレーション粒度を高め，社会的行動発生原理をも含むことを狙っている [101]．そのためには，MNS のような構造が創発することが期待されるが，埋め込みとしての内的構造の基盤に加え，環境の外的構造の要件が明示されなければならない．國吉グループでの研究は，2006 年の最初の論文発表 [51] では，200 足らずの筋肉，すなわち，200 個程度のニューロン数が，10 年後の 2016 年に発表された論文 [52] では，260 万個のニューロン，53 億のシナプスコネクショを STDP（spike-timing-dependent plasticity：スパイクニューロンの活動電位タイミング依存性シナプス可塑性）則で学習させた結果が報告されている．大規模なシミュレーションとはいえ，実際のニューロン数に比しては，まだまだ少ないこと，また，子宮形状が柔らかい球状で近似されているが，実際は窮屈であり，かなり異なる環境である．しかしながら，この規模で，身体との結合がなされたシミュレーションは特筆もので，今後の一つの方向性を示している．

6.3　身体と脳神経の結合ダイナミクス

　身体と環境の相互作用により，様々な行動が創発する際の感覚運動系と脳神経系がどのような関係にあるかは，認知発達ロボティクスにおいての基本課題である．前節の胎児シミュレーションは魅力的だが，脳神経系と身体の関係を解析す

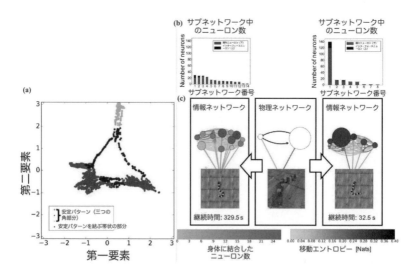

図 6.2: 互いに遷移しあう 2 種類の因果ネットワーク

る上では，非常に複雑で困難である．そこで，単純な身体と脳神経系を用いたシ
ミュレーションとその解析が行われている．Park *et al.* [102] は，非線形振動子
(non-linear oscillator) のニューロンから構成される脳神経系がヘビのようなロボッ
トの筋骨格系を通じて，環境と相互作用した際に生じるネットワーク構造につい
て，情報の移動エントロピーを基に解析した．関節と筋肉の系列からなる身体と，
それらに直接つながるインタフェースニューロン，隠れニューロン（いずれも非
線形振動子）からなる神経系との結合である．初めに，各関節角の時間相関を特
徴ベクトルとして，行動パタンを解析し，大まかに二つの運動パタンを抽出した．
それらは，安定な行動パタン（継続時間が長い）とそれらを行き交う不安定な行
動パタン（継続時間が短い）である．図 6.2(a) にその結果を示す．運動パタンを
非線形主成分解析した場合の第一，二成分を示している．安定な行動パタン（継
続時間が長い三つの角の塊）とそれらを行き交う不安定な行動パタン（安定パー
ンを結ぶ帯状の部分で継続時間が短い）である．

　次に，それぞれの行動パタン時の神経ネットワークを調べた．最初与えられた
物理的に結線されたネットワーク（解剖学的ネットワーク）が固定であるのに対
し，情報の移動エントロピー (transfer entropy) の計算により，推定された運動時

のネットワーク構造は，行動パタンの安定，不安定により異なるサブネットワーク構造が生じた．中央の物理ネットワーク構造（図 6.2(c) 中央）に対し，左右の因果ネットワークが生じた（図 6.2(c) 左右）．左は，安定行動パタンで疎につながった（一見，密度が高そうだが移動エントロピーは低い）多数のサブネットワーク構造で，環境との結合も弱い（図 6.2(b) 左）．片や，右は不安定行動パタンで一つの大きなサブネットワークが環境と強く結びついている（図 6.2(b) 右）．安定行動パタンは高次元状態空間でのアトラクターに，不安定行動は安定行動パタン間の遷移を表し，全体としてカオス遍歴の様相を呈し，環境との相互作用による神経ネットワークのダイナミクスを表している．このような行動の多様性は，脳と身体の結合パラメータを適切に設定する必要がある．脳か身体かの何れかに重みが偏ると多様性は生じず，非常に単純な動きしか示さない．

　一つの憶測は，原初的な意識（不安定状態：例えば崖っぷちの歩行）・無意識（安定状態：例えば通常の歩行）に対応していないかという期待である．情報統合理論 [103] による統合情報量の計算は困難を極めるが，不安定状態のほうが安定状態よりも大きいと察せられる．

6.4　本章のまとめ

　本章では，認知発達ロボティクスの発達段階の初期のレベルとして，脳の神経系と身体のとの結合のシミュレーションを扱った．まとめは以下である：

1. レザバー計算はホットトピックであり，様々に試みられているが，レザバーをスモールワールド・ネットワークで構成し，入出力を切り分けることで，情報伝達の効率が上がり，レザバーとしてのパフォーマンスも高まった．

2. 胎児の脳と身体の大規模な学習シミュレーションができるようになってきており，まだまだ実際のスケールには及ばないが，より精緻なシミュレーションが期待される．

3. ヘビのような単純な筋骨格系のシミュレーションでは，解剖学的な物理ネットワークに対し，運動のタイプに応じた異なる情報ネットワークが構成され，行動パタンのアトラクター的性質が見いだされた．

脳神経系と身体系の結合のダイナミクスの多様性の一部を示しているが，まだまだ多くの課題が残されている．特に以降で紹介する以降の発達段階へのリンクが望まれている．

学生さんや若手研究者へのメッセージ (5)：脳と身体の動的結合が人を創る！

メッセージ (3) で，「頭ではなく身体が覚える！」を紹介したが，当然のことながら，身体が覚えたことを脳がきちんと整理して，別の表現に変えて使うことも必要で，その意味では，協調作業なのだが，研究としては，表舞台の脳にフォーカスをあてた研究が多かった．脳は「俺は，どんな身体にも適応するぜ！」と主張する．片や身体は「俺が脳を形作っているんだぜ！」と言い張る．著者のスタンスは後者に近いが，より正確に表現すると，初期の脳の発達に身体が本質的に関与していると考えられる．すなわち，脳の可塑性によるビッグポテンシャルを形あるものに研いでいるのが身体だ．しかしながら，本章でも示したように，どちらかに偏った場合は，互いに可能性を潰している．うまいバランスが必要だ．このことは，脳と身体を分けてはいけないことを示している．分けることで理解が進むように感じるのは，対象が線形分離可能な場合だ．切り刻んで，分けることで本質を失うのが生命体だ．ロボットもそのように考えて設計しなければならない．

6.5　コラム 7：赤ちゃん学の仕掛人：多賀厳太郎教授と故小西育郎教授

認知発達ロボティクスの研究をやっていて，本書でもいくつかの箇所で赤ちゃんの発達に言及しているが，その背景には，二人の赤ちゃん学者が著者の支えであった．一人は，著者を赤ちゃん学に引き込んだ多賀厳太郎東大教授である．多賀さんとは，神経筋骨格系システムと環境の引き込み現象としての二足歩行の創発のモデル化の 1994 年の著名な論文 [104] を通じての一方通行の知り合いであった．発達原理として，非常に魅力的な数理定式化の試みで，議論を一刻も早くしたかった研究者である．日本の複雑系のコミュニティのメンバーは後ほど紹介する津田一郎中部大教授，谷淳 OIST 教授に加え，池上高志東大教授，金子邦彦東

大教授など，そうそうたる面々である．多賀さんの赤ちゃん学としての最大の学術的貢献は，光トポグラフィ(NIRS) を使った新生児の脳の発達のイメージング研究に基づく発達原理への深い洞察である（例えば，[105] など参照のこと）．物静かな面持ちではあるが，うちに秘めたる赤ちゃん学への強くかつ深い想いがしみじみと伝わってくる研究者である．もう一つは，赤ちゃん学への誘いに加えて，こちらも著者のずっと片思いの研究者下條信輔カルテック教授とのつながりを導いてくれたことである．その意味では，以下で紹介する赤ちゃん学会元会長の小西教授とも引きわせて頂き，著者の人脈ネットワークの拡充に貢献してもらっている．もちろん，現在でも機会があれば，いつでも議論してもらえる素晴らしい研究者である．

　故小西育郎同志社大教授は，2019 年 9 月 5 日に故郷の高松でご逝去された．赤ちゃん学会理事長として激務の渦中であった．著者は多賀さんを通じて，もしくは，多賀さんが小西教授と相談して，著者を赤ちゃん学会に引き込む計画をたてていたかもしれない．日本の赤ちゃん学会は，海外，とくに米国の赤ちゃん学会（ほとんどが発達心理学者）に比較し，多様な分野の研究者が参画している．その多様性に著者もロボット研究者としてお役にたてているのかなぁという印象だ．赤ちゃん学会のベビーサイエンス誌に掲載した追悼文を再掲する（一部編集）．

―――

「小西先生，ちょっと早いんじゃないですか？」

赤ちゃん学会の衝撃

　2001 年 4 月，早稲田大学国際会議場で開催された第 1 回赤ちゃん学会のプログラムをみていたら，なんと 2 日目最後のシンポジウム 4「乳児の脳と行動の解明の新たなアプローチ」で，シンポジストとして出ていたことを思い出しました．座長は，多賀厳太郎先生と渡辺富夫先生で，シンポジストを兼ねておられました．浅田自身は「ロボットの認知発達：脳と行動理解の構成論的アプローチ」というタイトルで，なんと今もほとんど同じことを言っているので，まさしく本質をついているからだという傲慢さの裏に，赤ちゃんのダイナミックな発達を研究対象としながら，研究スタイルが発達していないのは，非常にまずいという思いが錯綜しています．その時の赤ちゃん学会の衝撃はなんといっても，一般の方々もふくめて，多様な分野の研究者が集い，まさに学際的であると同時に，一般社会との繋がりも感じさせるものでした．それは，通常の学会が表向き Open to public

と称しつつ，結局専門家しかあつまらないことが典型であったからです．これは，「赤ちゃん学」という平易な言葉のなかに，多様性や一般社会とのつながりを彷彿とさせる語感のなせる技で，初代理事長の小林登先生の偉業です．小西先生に言わせると「異種格闘技戦」ということで，まさに，前途多難な船出であったと記憶しています．

赤ちゃん学会とは

　　先にも書いたように，赤ちゃん学会は多様な分野の研究者の集いで，お医者さんをはじめ，神経科学者，看護学者，セラピスト，霊長類学者，複雑系科学者，認知科学者，そしてロボット研究者などが集まっています．分野ではなく人で表したのは，人の集いに意味があるからです．これらの多様な人達が集まって，「赤ちゃん学」を語る時，それぞれの思いがある意味で，分野の文化やカラーがにじみ出ますが，これがそのままだと Multidisciplinary で，一緒にいるだけです．そこから，少しずつ混じり合い，際ができはじめます．これは，Interdisciplinary の状態です．そこからさらに統合し，新たな学問分野「赤ちゃん学」が構築されたとき，Transdisciplonary となります．それを目指して 2005 年 1 月に刊行されたベビーサイエンス誌 vol.4 に上梓したのが，「認知発達ロボティクスによる赤ちゃん学の試み」で，ターゲット論文として多くの方々から熱い思いや期待とともに，厳しいコメントもいただきました．その中に小西先生からのコメント「認知発達ロボットへの小児神経科医からのメッセージ」をいただき，浅田がロボットで暴走しないようにと釘を刺していただきました．同年 7 月，ロボカップ 2005 大阪大会を仕切ると同時に，会期中，JST ERATO プロジェクトの最終審査のプレゼン準備に奔走していました．この準備段階で小西先生からのアドバイスを参考に赤ちゃんの発達というキーワードを入れ込むことができ，なんとか採択に至りました．ERATO プロジェクトの期間中である 2008 年 4 月には，第 8 回 学術集会を「赤ちゃんから学ぶロボットの脳・身体・心の発達」というテーマで大阪で開催しました．本来，大会長が基調講演を務めるべき，と後で小西先生に叱られましたが，東京大学の國吉康夫先生に「赤ちゃんロボットの発達」というタイトルで基調講演をしていただき，その際，当時，瀬川小児神経学クリニックの院長の瀬川昌也先生から「ロボットというタイトルでどんな学会になるか心配だったが，基調講演に代表されるように，神経科学に根ざした素晴らしいものだった」とお

褒めの言葉をいただき，ほっとしたものでした．これが契機となり，瀬川先生には，ERATO プロジェクトの評価委員も務めていただきました．これも赤ちゃん学会，小西先生のネットワークの強さです．ERATO プロジェクトの終盤時期に小西先生から個別に相談があるとのことで，新学術領域の申請を考えており，協力してほしいとの要請をいただきました．浅田自身は ERATO プロジェクトのあと，基盤（S）を確保していましたが，予算規模が足りないので，特別推進研究へのアップグレードを狙っているところでしたので，迷わず，國吉先生を推薦いたしました．同時期に応募し，どちらかが通ればラッキーと思っていたところ，ともに採択され，嬉しい悲鳴をあげたものでした．

ベビーサイエンス編集委員長の就任

　2017 年の 1 月，中央大学で開催された常任理事会で，なにを血迷ったか，ベビーサイエンスの編集委員長をやると浅田が言い出してしまい，悔いても，悔いても，悔いたらない状況は今日まで続いています．ご存知のように，ベビーサイエンス誌は，多賀元編集委員長のアイデアで年 1 回の出版，三つのターゲット論文とコメント，そしてその回答の 3 本仕立てで非常にユニークかつ刺激的な構成です．先に書きましたように，浅田も Vol.4 でターゲット論文を上梓させていただきました．これを踏襲しつつも，なにか新しい試みということで，海外の研究者からの論文を入れること，そして，浅田が編集委員長になったことを強調する意味で，小西先生に「日本赤ちゃん学会の 18 年から展望する」という論文を執筆していただきました．中井前編集委員長からは，18 年は中途半端で，本来 20 周年記念特集号のネタですねと言われ，確かにそうだと思ったのですが，いまとなっては，書いといてもらって良かったという思いです．おわりに　浅田は現在，日本ロボット学会の会長を務めており，ロボット学自身も設立当初の理工学を主体とした学問体系から，人文社会系も含めた真のロボット学への再構築を目指しているところですが，多様な学問の集合という意味では，赤ちゃん学会と同じ問題を抱えていると考えられます．学会としての連合もありますが，研究者レベルでプロジェクトベースで連携するほうが，メッセージ性は高いと考えています．これも小西先生との議論の中での結論です．

　小西先生への追悼文ということで，赤ちゃん学会に絡んで自身の出来事を並べてしまいました．これも小西先生とのお付き合いの中でさまざまな仕掛けのほ

んの少数に過ぎません．最後まで豪快に笑い飛ばしながら，若手を叱咤激励し続けていただいた姿が最後にひかります．小西先生，ありがとうございました．

第7章　身体表現の獲得

　我々はどのようにして，自分の身体を知覚・表現し行動しているのだろうか？
この身体表現の問題は，3.5 節で説明した，自己という概念や自分の運動の所有
感覚，総じて主体感と深く関連する重要な課題である．自分の身体の位置や姿勢
などの感覚は，内受容感覚や固有感覚とも呼ばれ，自らの手足や他の身体部分の
位置を感知する能力として定義されている．ボディスキーマと呼ばれる身体表現
は，生物学的および人工的なエージェントが内受容感覚に基づいて行動を実行す
ることを可能にする．ロボットなどの人工エージェントによって使用される内受
容感覚情報は，主に姿勢（およびその変化）に関係し，従来のロボティクスでは，
リンク構造の関節角（および関節速度）によって表される．これに対応する生物
学的表現は，ボディスキーマやボディイメージと呼ばれ，その区別や定義は定か
ではなく，論争の的である．これらのシステムの基礎をなす神経構造は，現在の
イメージング技術の進展により解明が進んでいるものの，完全ではない．そこで，
認知発達ロボティクスのアプローチにより，新たな洞察と理解を求める研究が進
んでいる．それを紹介しながら，MNS の話題へとつなげる．

7.1　身体表現の生物学的原理

　Head and Holmes [106] は，マルチモーダルな感覚データが統一されている無
意識の神経マップとしてボディスキーマを定義し，また身体とその機能の明示的
な精神的表現としてボディイメージを定義している．前者は運動に，後者は知覚
に関連するとも言われている．生物学的システムにおける身体表現は柔軟であり，
異なる感覚様式からの情報の時空間統合によって獲得されるという一般的な合意
があるが，その構造および機構の詳細は明らかではない．
　可塑性 (plasticity) は，身体表現の最も重要な特性の一つである．その起源は，

自己身体に触れる繰り返し運動がしばしば観察される子宮内の胎児発達の時期から来る可能性があり，胎児は自身の運動とその結果生じる感覚との間の関係を学ぶと考えられている [107]. その意味で，前章で紹介した胎児シミュレーションは合理的な出発点だ．この初期の表現は，自己所有感覚や自己主体感を含み，重要な概念である広義の主体感とリンクしており，発達後期にボディスキーマとボディイメージに分かれる前の混合体と考えられる．

　身体表現における柔軟性および適応性は，神経可塑性によって引き起こされる望ましい特徴であり，道具使用の場合に観察することができる． Maravita and Iriki [108] は，熊手で食糧を取っていたマカクザルによる道具の使用中にボディスキーマが拡張することを発見した．体性感覚刺激と視覚刺激の両方に反応するバイモダルニューロン (bimodal neuron) と呼ばれるニューロンの活動を脳内皮質から記録した．これらのニューロンは，道具の使用の経験にも，道具を使用するマカクザル自身のモチベーションにも適応する．餌が取れると判断すると手先に身体イメージが伸長するが，遠くて取れないときには伸びない．

　神経心理学的異常の研究は，ボディスキーマの構築の基礎となるメカニズムと，これらが損傷によってどのように影響されるかを理解するのに役立つ．最も興味深い例の一つは，序章でも触れた Ramachandran and Blakeslee [109] によって記述された，いわゆる「幻肢」現象である．四肢欠損のために幻肢の痛みに苦しむ患者は，鏡の箱の無傷の反対側の肢を観察による視覚フィードバックによって痛みを和らげることができ，この経験を通して体の皮質的表現が再構成された可能性があることを示した．ボディイメージとボディスキーマ，障害，および自己主体感と自己所有感，広義の主体感，フォワードモデルなど，他の重要な概念の定義と役割に関するより多くの議論は文献 [110] を参照されたい．

　生物学的証拠の要約として，ボディスキーマは一般的に体の動きと行動を導くために使用される身体の感覚運動表現として考えられている．片や，ボディイメージは，身体に対する知覚（身体知覚），概念（身体概念），または情動（身体感情）的判断を構築するために利用される．しかし，必ずしも明確な境界があるわけではない．

7.2 身体表現の認知発達ロボティクスアプローチ

生物学的な規範は従来のロボティクスの事例とは，以下の点で異なる：

- ロボットのリンク構造は一般的に固定であるのに対し，生物学的なものは柔軟性があり，環境と自己身体の両方の変化に適応する．

- 従来のロボティクスでは，パラメータを推定するための知識が外部から与えられるのに対し，認知発達ロボティクスアプローチでは，非明示的に推定する．

- マルチモダルな知覚情報の統合は，生物学的には当然だが，従来ロボティクスは一般的にクロスモダルの関連付けが含まれていない．

認知発達ロボティクスでは，コンピュータシミュレーションや実際のロボット実験を用いて，神経科学や発達心理学などの分野からの知見をモデル化し，それに基づいて仮説を検証する．

7.2.1 自己身体の発見

身体表現の課題を扱う前提として，まずは，どのようにして，自己の身体を発見するか？強化学習のマルチエージェントへの拡張では，自分の運動指令による環境の変動を予測するモデルにより，状態空間 (state space) を構築する手法がある [37]．センサー空間における自己身体部分の発見アイデアは，「自身が生成した運動指令と相関を持つセンサーデータ部分は，静止環境か自身の身体部に対応する（例えば，手を動かした時の手の視覚映像，頭を右に振れば，画面全体が左に流れるなど）」であった．静止環境との区別は，重力方向などの事前知識などにより可能とされていた．

運動情報を用いなくても，自己身体を発見する手法として，吉川らは，複数センサー情報の不変性に基づく身体発見手法を提案している [111]．基本的なアイデアは，ある姿勢に対して，多様な感覚情報の中で不変性をもつ部分が自己身体であると考えることである．環境と自己身体を混合正規分布モデルで表し，視覚特徴から自己身体を同定し，画像に投影することで，自己身体を発見している．複数

の感覚情報を相補的に利用することで，自己身体の発見を可能としているが，運動情報も相補的に利用することで，より正確に発見できると同時に運動生成のための学習や立案にも繋がる．

7.2.2　道具使用による適応的身体表現

Hikita *et al.* [112] は，7.1 節で紹介したマカクザルの道具使用による適応的な身体表現の計算モデル化を試みた．視覚，触覚，および内受容感覚からクロスモダル身体表現を構成する方法により，適応的な身体表現を可能にした．図 7.1 (a) に提案されたモデルの概要を示す．左下が腕の姿勢の自己組織化 (self-organizing) マップで，量子化された腕の姿勢データが得られる．右下は，顕著性マップ (saliency map) により視覚注視点を求める．上部に統合モジュールがあり，ここは，触覚情報をトリガーとして，ヘブ学習 [1] により腕の姿勢と注意マップを統合する．

ロボットが何かに触れると，触覚の活性化は，顕著性マップに基づいて視覚的に見いだされ，結果としてエンドエフェクタとみなされる身体部分の視覚受容野の構築過程を引き起こす．同時に，内受容感覚情報が，この視覚受容野に関連付けられて，クロスモダルの身体表現を構成する．コンピュータシミュレーションと実際のロボット実験の結果は，マカクザルに見られる頭頂野のニューロンの活動 [108] に対応する活動を示した．図 7.1 の右に獲得された視覚受容野を示す．道具がない場合 (b,c) と道具ありの場合 (d,e) で，(c,e) に受容野の違いが出ている．

7.2.3　VIP ニューロンの働き：頭部身体周辺空間の表現の獲得

7.1 節では，道具使用時に，頭頂葉の VIP 野（腹側頭頂間溝領域）に視覚と触覚に反応するバイモダルニューロンの活動の知見を紹介したが [108]，これは，生物の身体表現が動的に構成されている可能性を示している．よって，人間は，随時経験から視空間内に存在する物体の位置を表現するための様々な参照枠（身体中心参照枠，物体中心参照枠）の概念を獲得し，さらにはそれらに基づいて表現された位置と触覚や体性感覚などの異種感覚を柔軟に統合することで，身体表現を獲得していると考えられる．Fuke *et al.* [113] は，エージェントが自身の視触覚

---

[1] ドナルド・ヘッブ (Donald Olding Hebb) のヘブ則による学習．

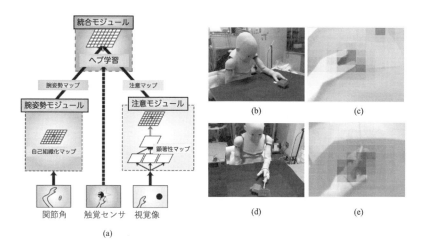

図 7.1: 提案モデルの概要と実験結果

経験を通して頭部中心参照枠での視空間表現だけでなく，自身では直接観測不可能な顔部位の視触覚表現を学習するモデルを提案している．

VIP 野には，顔に直接触覚刺激が与えられたとき，および顔に近づくような視覚刺激を与えられたときの両方に反応するニューロンが存在する [114]．視線の方向によらず受容野の空間的位置は一致していると報告されている．つまり，VIP 野は頭部中心参照枠で視空間を表現し，さらに顔の触覚表現と統合している場所であるといえる．Fuke *et al.* は，それを獲得する計算モデルを構築し，VIP ニューロン的な応答を示しているシミュレーション結果を報告している．

7.3　本章のまとめ

本章は，生物の身体表現にならい，適応的な身体表現を構築する手法を紹介した．まとめとして：

1. ボディスキーマは一般的に体の動きと行動を導くために使用される身体の感覚運動表現として考えられている．一方，ボディイメージは身体に対する知覚（身体知覚），概念（身体概念），または情動（身体感情）的判断を

構築するために利用される．しかし，必ずしも明確な境界があるわけではない．

2. 自身の運動指令と直接相関する知覚範囲として，自己身体と静止環境は切り出される．複数センサー情報の不変性を利用することで，両者を区別できる．

3. 運動時の視覚，触覚，内受容感覚（姿勢）を統合することで，道具使用時の適応的なクロスモダル身体表現が獲得される．

4. VIP 野（腹側頭頂間溝領域）に視覚と触覚に反応するバイモダルニューロンがあり，頭部中心参照枠の表現と顔の触覚表現を統合しており，座標変換と統合を学習する計算モデルが提案されている．

学生さんや若手研究者へのメッセージ (6)：スーパー歌舞伎は歌舞伎を修めてはじめてスーパーになる！

　高校時代に次兄のマネをして斜陽気味であった演劇部で粋がっていたこともあり，また，大学に入って寺山修司の「天井桟敷」や唐十郎の赤テント，佐藤信の黒テントなど前衛演劇を鑑賞したり，創ろうと思ったりとかで，割と演劇には興味があったこともあり，スーパー歌舞伎を数回観劇した．三代目市川猿之助が始めたスーパー歌舞伎は古典歌舞伎をしっかり修め，その良し悪しを定めた上で，現代版エンタメ歌舞伎として演じている．伝統演劇である歌舞伎の語源は傾きであり，河原乞食の芸人を指すこともあったようだ．今では，古典芸能として国家に守られているが，奇妙な行動をする変人の意味も含まれているので，その意味では，スーパー歌舞伎は新規でまれな行動をする変人として扱われることでは，元の意味に戻ったことになる．さて，スーパー歌舞伎の役者さんたちは，全員が歌舞伎出身ではない．最初からスーパー歌舞伎に入った役者さんは，歌舞伎の修行を修めていないので，スーパーの意味を身体で理解できていない可能性がある．同じことが，認知発達ロボティクスでも起きた．我々は従来のロボティクスを識った上で，認知発達ロボティクスを提唱したが，研究室に入ってきた学生さんは，最初から認知発達ロボティクスを頭から叩き込まれて，なんでと思う余裕がないことがし

ばしばである．ある年，優先配属の優秀な学部生が研究室に入ってきて，テーマを与えて，しっかりこなしていたが，インターンシップで会社に行き，そこで自分のやっている研究の意味や，それが社会にどう役立つかを突っ込まれ，全然答えられずに帰ってきてあまりの悔しさ涙した．当時，著者がすでに著名なこともあって，うちでやっていることだから，誰もを異を唱えないと勝手に思い込んでいた節がある．その後，彼は気を取り直し，素晴らしい研究成果を修めた．もう二度と辛い思いをしないことを堅く心に決めたようだ．それはその意味で，我々の原体験を別の意味で体験したことになる．研究室でのロジックでは，従来のロボティクスの限界を教えているつもりだが，学生さんにとっては，別の形態でなんらかの原体験が必要と感じている．スーパー歌舞伎は歌舞伎を修めてはじめてスーパーになることを！

7.4 コラム 8：ロボットと生物の身体表現，ロルフ・ファイファー (Rolf Pfeifer) 教授と入來篤史博士

　身体性認知科学の視点からロボットの設計・製作・作動を通じて新たな知の理解を提唱し，"*Understanding Intelligence*"[115] を著したのが，この分野の大御所，スイスチューリッヒ大学のロルフ・ファイファー教授である．邦訳は，1 年間彼のもとで過ごした阪大細田教授らが『知の創成—身体性認知科学への招待—』と題して出版している [116]．続編として，身体の保つ意味を深め，知能の原理に迫ったのが，"*How the Body Shapes the Way We Think: A New View of Intelligence*"[117] であり，この邦訳も細田教授らが，『知能の原理—身体性に基づく構成論的アプローチ—』と訳して出版している [118]．1990 年初頭にわれわれの研究室の訪問以来，相互訪問が続き，スイス・チューリッヒの彼の自宅で深夜に及ぶエンドレスの研究討論を何度もしてきた．著者の還暦シンポジウムや 2019 年の退職記念シンポジウムでも講演してもらっている．この間 2014 年 9 月から 2017 年 3 月まで大阪大学で特任教授として活躍して頂いた．現在は中国の上海交通大学の客員教授として活動しているようだ．2017 年には誕生日パーティと称して，チューリッヒで大規模なパーティを開催し，著者も呼ばれて参加した．関連研究者が一堂に会し，彼の誕生日（秘密らしい）を祝った．

　身体表象は身体性認知科学にとって，非常に重要なトピックであるが，それは，生物にとってもさまざまな行動を獲得するうえで必要な表象と思われた．非常に興味ある研究は本章で紹介したサルの道具使用における動的な身体表象で，当時東邦大の入來篤史助教授（現，理化学研究所脳科学総合研究センターチームリーダー）によってなされた．最初に講演を聞いたときに，ロボットの身体表象として使えないかと考え，ロボット学会の解説記事を依頼し，「道具を使う手と脳の働き」[119] を執筆いただき，その後，研究会などで議論を交わした．ヒトの種としての三大特徴として，「二足歩行，道具使用，言語使用」が言われて，最初の二つはロボティクスの研究対象だが，言語使用はそうとはみなされてこなかった．著者は以前から，言語使用も十分ロボティクスの課題で，なぜならば，それは身体を持つから可能になるとの仮説を立てており，道具使用はシンボル化の過程とみなせるからだ．そこは，入來さんと意見が合致する点である．年が経っても，変わらぬ風貌は，娘さんと食事に行った時に，彼氏と間違われたと冗談を飛ばすほどである．研究も変わらぬ勢いでどんどん進められている．

7.5　コラム 9：「手は口ほどに物をいい……」

　第 7 章を振り返ってみると，運動系ではマニピュレーションにはあまり立ち入っていないことが分かる．それは，ハンドを設計・製作・作動させることが非常に困難だったからだ．皮肉にもその点を陽には言わず，我田引水的に認知発達ロボティクスを強調したのが，約 20 年前に『日本ロボット学会誌』のロボットハンド特集号 (vol.18, no.6) でエピローグと称した小文である．自分としては，本質を突いていると思いながら，ちゃんと研究としてやってこなかった反省を含め，日本ロボット学会の許可を得て，以下にそのまま掲載する（些細な変更は施している）．

————————————————————

　ハンドで「浅田」といえば，ほとんどの方が，MIT の浅田春比古教授を思い浮かべられるであろう．今回は，エピローグということで，門外漢の浅田が，元編集委員長の最後のお役目ということで，本特集号の感想とハンド研究に寄せる期待を散文的に述べたいと思う．

　ハンドは，二足歩行と並んで，ロボティクスの中心課題であることは疑念の余地がない．これは解説の中で指摘されているように，「直立二足歩行，道具使用，

言語」というヒトという種を他から際だたせる三大特徴であり，その二つがロボティクスの中心課題であったわけだ．最終的に人間型ロボットを目指すか否かは，ロボット研究者の各人の志向性に依存するが，非人間型は，その言葉の表象自体で，人間型を意識せざるをえない．特に，二足歩行，道具使用は，ヒトをはじめとする霊長類に特有と見られ，器用なハンドを実現することは，ヒトと同じような手の機能の機械による実現だとすれば，限りなくヒトの手に近い物を指向することになる．

　ハンドは歩行と並んで，多自由度のロボット制御問題の極みである．歩行もそうだが，ハンドによる把持と操りは，対象物との接触の動的変化による力学的構造変化が制御問題を複雑化させ，対象物体の物理的性質やそのパラメータが既知のモデルベーストから，それらを未知としてフィードバック制御する手法，さらには，パワーグラスプと変遷してきた．研究成果が着実に挙げられているといった感想の反面，それらの延長線上で，ヒトに近いハンドが実現されるのだろうかと言った疑念もわいてくる．

　これは，何もハンドに限ったことではない．機能分割して，その要素技術のみを実現しようとすれば，境界条件を明示化し，そのなかで最適解を求める工学としては真っ当なのである．ところが，ロボティクスはそのような分割問題なのであろうか？もちろん，これまでの成果を無視するといったことではなく，相補的に，総体としてのロボティクスとしてのアプローチがないかとの考えである．

　映画『アダムスファミリー』に出てくるハンドは，快活で脚移動もすれば，器用な把持，操りも実現している．あのようなハンドが欲しいと思う．ところが，自分が最近，四十肩（年だなぁ......）になって，指先運動をしているときに，腕や肩の痛みを感じたり，肩の痛みから指先に痺れを感じたりして，ハンドだけが器用に動いているわけでなく，腕，肩との総合的な動きのコーディネーションの中で，様々な運動をしていることを実感している．とすれば，ハンドだけでも多自由度であるが，アーム，ショルダーを含めて，より多くの自由度，構造の特異性（リンク長の差や，リンク構造そのもの）を反映した，様々な行動生成が可能になるのではなかろうか．こう書くと，「そんなことは百も承知だが，ハンドもろくに動いていないのに，そんなことして意味あるか」とおしかりを受けそうである．ヒトの手の動きが，腕，肩の筋肉の動きと不可分であるのに対し，現状の機械の手は，腕や肩と独立になりうる．設計者の意図として，独立に設計されたと見なせ

る．だとすれば，手，腕，肩を総体として設計することがあってもいい．その必然性は，逆に人工筋肉のような新しいアクチュエータや，本特集号で扱われているヒトの手の皮膚構造を考慮した新たな皮膚感覚を大いに取り込んだ場合に生ずるのかもしれない．

　センサーベーストアプローチは，センサー情報によるフィードバックと言いながら，その利用方法が既存手法の域を出ていない感がある．視覚情報からは，完全な 3 次元幾何的情報が再現できることを前提としたり，触覚情報の物理的意味も先に規定されている．事前に処理し，抽象化された情報による論理的な融合ではなく，よりボトムアップ的なアプローチとして，視覚情報と触覚情報の低次からの融合（バイモダルニューロンの存在）があり，そこから把持や操りの概念や空間知覚が発生するような手法がないか？

　こうやって書いてくると，どうも我田引水的に「認知ロボティクス」[120] に引っ張ろうとする意図が見え見えである．器用な手の動き，利き手はいいが，利き手でない手で実現しようとすると，非常な困難に遭遇することがある．「パジャマでおじゃま」でも，ちゃんとパジャマを自分で着替えることができるのは，何歳くらいかは忘れたが，かなり後である．つまり，ハンドの研究は，最初から器用なハンドを即実現しようとしていないか？ 赤ちゃんは，通常，5 本の指がそろった両手をもって生まれてくるが，最初から歩きもしないし，器用な手の動きができるわけでもない．外界との相互作用を通じて，空間知覚，物理学を学んでいるように見える [70]（邦訳 [71]）．

　もし，総体としてのロボティクスからハンド研究を見直すなら，各要素技術であるアクチュエータ，センサー（特に皮膚感覚），制御手法いずれも技術革新が必要であるが，それにもまして問題設定そのものを「目標軌道への追従」のミクロなレベルではなく，よりマクロなタスク設定での探索行動とその意味づけが必要と考えられる．そのためには，脳-感覚-行動系を総体とした身体全体の活動の中で，評価すべき規範を自ら見つけるべきである．そうしないと「器用な手」の「器用さ」は，ロボットシステム自身が意識できないのではないか？

　先に，「二足歩行，道具使用，言語」はヒト知性の三大特徴で，そのうち二つがロボティクスの中心課題に含まれると述べた．筆者としては，実は，「言語」もロボティクスの中心課題と考えたい．これは，従来の人工知能分野での自然言語理解などの閉じたシンボル操作では，シンボルの意味を物理的に解釈することが非

常に困難であり，人工物としては，物理的身体を持ったロボットのみが，人工的にシンボルを生成したり理解できるのではと感じているからである．一方，近年の脳科学，神経科学は，非侵襲の計測装置などの最先端テクノロジーを武器として，これまで科学の対象でなかった，認知・意識・心などの問題に迫りつつあるが，現状の手段だけでは，認知・発達能力の典型である，身体性に基づくコミュニケーションと言語獲得能力の研究の進展が困難であり，実際のロボットを検証手段として用いることでさらなる進展が望めることがあげられる．そして，これらの過程や結果が言語学や哲学など既存の人文科学によるヒト理解に対して，新たな理解手法を提言できるのではと大それたことを考えている [121]．

　ロボカップ [122] では，筆者らのグループでは，少数自由度の移動ロボットの行為として，「移動する」，「ボールをドリブルする」，「相手をよける」などの基本語彙が，行動学習の過程から生じ，これらが身体拘束をもとに，シンボル間の拘束と行為表現となる過程を目指している．ハンド・アーム系では，リーチングに見られる空間探索行動により空間知覚形成に大きな役割を果たしており，操作対象と操り技能がシンボル化され，より抽象度の高い表現として「手」にまつわる言葉が生じたのではと考えられないか？　「手際」，「手伝い」，「手の内」，「手頃」，「手遅れ」，「手当」など枚挙にいとまがない．さらに空間的なメタファーとして視的な手操作的なアナロジーに依存した表現である「高い真実 (higher truth)」，「はるかな発展 (further developed)」，「遠い関係 (distantly related)」なども，シンボルに閉じた操作だけでは発生困難な表現だが，ハンドを持ったロボットが空間知覚形成を経験し，そのシンボル化を可能にすれば，アナロジーがとれないだろうか？　実は，これらの表現は，個々の言語の違いを超えたユニバーサルな表現であり，身体構造拘束の同一性から発生したのではないかとの説もある（文献 [123] の第 5 章，邦訳 [124]）．「アナロジー」の解釈および生成能力は，知能の基本的で実現困難な特性であるが，身体を持つことで，ハンドを持つことで，獲得できないだろうか？

　シンボルを地につけたいとの思いから，現状のハンド研究に関して，地についてない話になってしまった．これも，ハンド研究に寄せる期待からである．ご容赦願いたい．

第8章 共同注意の発達

　共同注意の能力は，ロボットもしくは人間の幼児が，養育者との間で相互行為を形成する上で，重要な機能の一つである [125]．共同注意は，他者が注意を向けている対象と，同じ対象に注意を向けることであり，幼児は養育者との間で共同注意を実現することで，養育者から多くの知識を学ぶことが可能になる．また，この共同注意の能力自体も，幼児は養育者との相互作用を通して学習によって獲得していることが知られている [126]．本章ではロボットが養育者との相互作用を通して共同注意の能力を獲得するためのモデルとして，三つの例を紹介する．最初が発達的学習モデルで，養育者の評価を必要とする．2番目はロボット自身の注視機能を前提として養育者の評価なしに，共同注意能力を獲得する手法，そして，最後に，受動的共同注意から能動的共同注意に至る過程のモデル化を目指す手法である．

8.1 ロボットと養育者の相互作用に基づく共同注意獲得

　Nagai *et al.* [127] は，ロボットがどのような認知発達プロセスを経て，効率的に共同注意を学習していくのかというメカニズムの理解を試みる．提案モデルは，「発達がタスク学習の一助となる」という認知発達学の知見に基づき，学習と発達の2種類のメカニズムをもち，学習のプロセスではタスクを習得し，それと並行して，発達のプロセスではロボットと養育者の機能的変化を起こすことによって，効率的かつ高性能な共同注意の学習を実現するものである．

　提案された共同注意のための発達的学習モデルを図 8.1 (a) に示す．本モデルは，ロボットのタスク学習メカニズムとしてのニューラルネットワークと，養育者のタスク評価器の二つのモジュールから構成される．学習初期は視覚レンズシステ

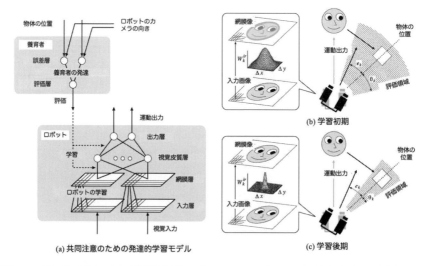

(a) 共同注意のための発達的学習モデル

(b) 学習初期

(c) 学習後期

図 8.1: 共同注意のための発達的学習モデル (a) とロボットの視覚発達（b,c:左側）と養育者の発達（b,c:右側）

ムが未熟でぼやけた画像（ガウスフィルターの分散大）が入力され，物体の（画素の）位置決め精度が低い．そのため，養育者の誤差評価もゆるくしている（同図 (b)）．学習後期では画像がシャープになり（ガウスフィルターの分散小），位置決め精度も上がるので，それにつれて養育者の評価も厳しくなる（同図 (c)）[1]．

実験環境を図 8.2 (a)，結果として学習過程におけるニューラルネットワークの平均正規化出力誤差の推移を (b) に示す．ロボットと養育者がともに発達する提案モデルに加え，比較検討として，ロボットだけの発達モデル，養育者だけの発達モデル，共に発達済みで最初からシャープな画像と厳しい評価のモデルを加えた．この 4 種類の学習モデルについて，学習速度を比較した．4 種類のモデルの学習速度を比較すると，養育者の発達メカニズムが付加されることによって，学習が高速化されていることが確認できる．これは，養育者がタスクの難易度を，ロボットのパフォーマンスに応じて徐々に難しくしていくことによって，段階的な学習を実現したためと考えられる．一方，ロボットの発達メカニズムに関しては，学習を遅延させている，つまりマイナスの効果を与えていることが観察される．こ

---

[1] 初期視覚発達の知見は新生児に関する文献（[128] の Chapter One）に基づく．なお，学習メカニズムの詳細は文献 [129] を参照されたい．

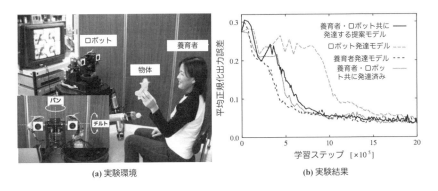

(a) 実験環境 (b) 実験結果

図 8.2: 実験設定と結果

れは，学習の初期・中期段階ではロボットの視覚機能が低いことによって入力画像上の情報が奪われ，養育者の注意方向を正確に推定できなかったためと考えられる．ただし，未学習の状況に対する汎化能力はロボット発達モデルが優れていた．これは，最初に大まかに見ることによって，主な動きであるパン成分が符号化され，その後チルト成分が符号化され，自動的に主成分解析を行ったとみなせるからで，最初から精細な画像が入力されると，ちょうど森を見ずに木を見ることに対応する．

8.2 ブートストラップ学習を通した共同注意の創発

前節では，ロボットが人間の養育者からのタスク評価に基づき共同注意の能力を学習し，さらに両者が学習と並行して内部機能を発達させることで学習を効率化する手法を提案した．しかし，人間の幼児は共同注意の学習において必ずしも養育者からのタスク評価を必要としていないと考えられる．また，幼児の共同注意の段階的な発達過程の説明も不足している．認知発達学的な観察実験から，共同注意が生得的な選好性の機能と随伴性 (contingency) の学習に基づいて発達することが指摘されている [130]．ここでは，幼児の共同注意の発達メカニズムを理解するための一アプローチとしてブートストラップ学習を通した共同注意の創発メカニズムを紹介し，本メカニズムによって幼児の共同注意の発達過程が再現されることを示そう．

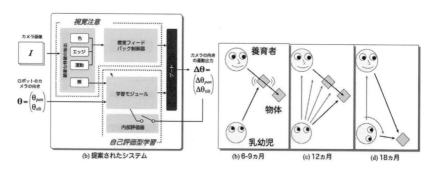

図 8.3: 視覚注視と自己評価型学習の機能に基づいた共同注意のブートストラップ学習のためのメカニズム (a) と幼児の共同注意の段階的発達 (b,c,d)

　ブートストラップ学習とは，学習者が外部からのタスク教示や評価，また環境の制御なしに，自身の生得的な能力に基づいて環境と相互作用することによって新たな能力を創造することを意味する．ここで提案する共同注意のブートストラップ学習のためのメカニズムは，ロボットの生得的能力としての視覚注視と自己評価型学習の機能から構成される．図 8.3 (a) にこれを実現するアーキテクチャを示す．視覚注視（視覚フィードバック制御器）とは，ロボットの視野内に存在する特徴的な対象物を発見し，注視する機能であり，自己評価型学習とは，ロボット自身が視覚注視の成功を判断し，それをトリガとしてセンサ入力とモーター出力間の関係を学習する機能である．環境中に複数の対象物が存在する場合，学習初期にはロボットは必ずしも養育者が観察している対象物を視覚注視するとは限らないので，共同注意の成否にかかわらず自己評価型学習によって学習が行われることになる．しかし，環境が制御されておらず，対象物の位置が試行ごとにランダムに変化することから，学習の進展にともなって，共同注意が成功したときの入出力間の関係が失敗時のものに比べ相対的に強化されることによって（失敗体験に比して，成功体験は養育者の顔を含む画像特徴（非明示的な養育者の視線）とモーター指令値の相関が高くなり，徐々に成功に導くモーター指令値を出力するようになる），ロボットは養育者からのタスク評価なしに共同注意の能力を獲得することが可能となる．また，その学習過程において，ロボットは試行のメカニズムを生得的な機能から徐々に学習によって得られた機能へと移行（ゲートで制御）していくことで，幼児の共同注意の段階的な発達過程が再現されると期待で

きる.

認知発達学における幼児の共同注意に関する研究から，幼児は養育者との相互作用を通して，図 8.3 (b) から (d) に至る段階的な過程を経て共同注意の能力を獲得することが知られている [125]．6〜9ヵ月では，幼児は養育者の左右方向の視線の変化に反応し，自身の視野内における興味深い対象物に注意を向ける傾向をもつ．12ヵ月頃には養育者の視線方向を追跡し，養育者が注視している対象物を正しく見るようになる．さらに 18ヵ月頃になると，前方視野の対象物だけでなく，後方の対象物を養育者が注視しているときでも，振り返ってそれを発見することができるようになる．

複数の対象物を設置した環境で，ロボットの共同注意のパフォーマンスが学習によってどのように変化するのかを検証した．対象物の個数をそれぞれ 1，3，5，10 個と設定したときの，学習過程における共同注意の成功率の変化を図 8.4 左に示す．ここで，対象物が 1 個である場合，ロボットが注視する全ての対象物は養育者の観察しているものと一致することになり，反対に対象物が 10 個の場合には，ロボットは学習初期においては 1/10 の確率でしか共同注意を成立できないことになる．

実験結果より，全ての条件において学習初期の共同注意の成功率は偶発的レベルにあるが，学習の経過にともないその成功率は徐々に上昇し，学習後期には高いパフォーマンスを獲得していることが確認できる．これらの実験結果から，ロボットは提案したメカニズムに基づいたブートストラップ学習を通して，制御されていない環境のもと，養育者からのタスク評価なしに共同注意の能力を獲得可能であることが分かる．

次に，学習初期，中期，後期（図 8.4 の (I,II,III)）におけるロボットの共同注意の様子を観察し，学習の経過に対するロボットの振舞いの変化と幼児の共同注意の発達過程との比較を行った．共同注意の成否が割合とともに空間的な範囲も広がっている様子が図 8.4 右から分かる．この結果と図 8.3 (b) から (d) に示した幼児の共同注意の発達過程とを比較すると，ロボットの学習期 (I)，(II)，(III) がそれぞれ幼児の 6，12，18ヵ月の振舞いと類似していることが認められる．

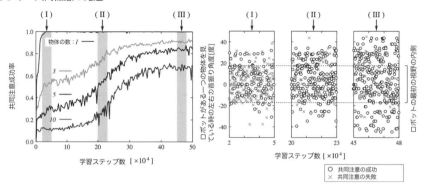

図 8.4: 共同注意の成功率（対象物：1，3，5，10 個）の変化と共同注意の段階的学習
　　　過程（対象物：5 個）

8.3　相互作用の随伴性を利用した共同注意発達モデル

　共同注意関連行動には様々なものがあり，これまで紹介してきた視線追従は，応
答的共同注意 (RJA: responsive joint attention) と呼ばれ，生後 6 ヵ月ごろから始
まる [125]．そして，指差しの理解が加わり [131]，12 ヵ月前後で交互注視 [132]，
社会的参照が，命令的指差し，叙述的指差しが 15 ヵ月頃までに獲得されると言わ
れている [133]．この頃になると，自ら養育者の注意を導く誘導的共同注意 (IJA:
initiating joint attention) と呼ばれる行動が出てくる．これは，反射的な行動から
意図を有する行動への発達過程であり，この時期は，共同注意だけではなく，言
語や他者意図理解などの発達も並行して生じている（図 8.5 左参照）．

　こういった一連の行動をより統一的な枠組みで説明可能なモデルとして，相互
作用の随伴性を利用した共同注意発達モデルが提案されている [134]．すなわち，
これらの一連の行動を個別に学習するのではなく，相互作用の随伴性を乳幼児が
好むこと，そしてそれを再現して，新たな随伴性を発見すること，つまり，再現と
発見の繰り返しにより，発達的に共同注意関連行動を創発する枠組みである．こ
れを支える基盤として，移動エントロピーに基づいた随伴性の定量化，そして，発
見した随伴性の再現に基づく新たな随伴性の発見法がある．

　養育者との相互作用の因果関係を発見しながらそれを再現する行動を逐次的に
獲得していくための提案メカニズムを図 8.5 右に示す．提案メカニズムは因果関
係再現モジュール (CM)，因果関係検出器，モジュール選択器，反射行動モジュー

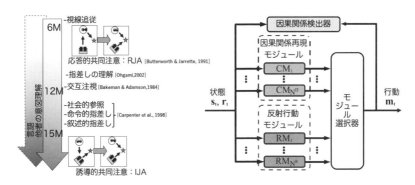

図 8.5: 共同注意関連行動の発達（左）と継続的に社会的行動を発達させるメカニズム（右）

ル (RM) からなる．反射行動モジュールがあらかじめ設計者によって設定されるのに対して，因果関係再現モジュールは初期には存在しない．養育者との相互作用を通して因果関係検出器によって生成されていく．

結果の詳細は [134] に譲るが，最終的に視線追従，振り返り，視線維持の行動の発生確率が安定し，これは，交互注視と呼ばれている [132]．本実験の結果は乳児の共同注意関連行動の発達がインタラクションの因果関係の発見とその再現によって実現されている可能性を示唆していると考えられる．

8.4 本章のまとめ

本章で紹介した三つの共同注意の研究は，乳幼児の初期発達における視線追従から交互注視の学習過程をある意味で計算モデルとして再現した．しかしながら，まだ，誘導的共同注意のレベルには至っていない．以下のようにまとめられる：

1. 養育者の評価の発達（易しいタスクから難しいタスクへ）とロボットの視覚発達とを通じて，共同注意が獲得される．前者は学習を加速させるが，後者は遅らせる．ただし，学習後の汎化能力は最初から発達済みの視覚の場合に比して高い．最初に木を見ず森を見たからである．

2. 養育者の評価なしに，視覚注視と自己評価学習器を用いたブートストラッ

プ学習は当初ランダムから，徐々に能力を獲得し，乳児の発達過程に似た共同注意可能な空間の広がりを持つ．

3. 随伴性を発見・再生することで，単純な視線追従から始まって，次のレベルの随伴性発見・再生の繰り返しで，交互注視までに至った．

ただし，自ら他者の注意を喚起する視線行動する社会的参照などの社会的行動には至っておらず，そのためには，自他弁別や他者行動の認識が必要で，次章の模倣や MNS がキーとなる．

学生さんや若手研究者へのメッセージ (7)：すべてのサクセスはハンディキャップから始まる！

クジャクの羽はなぜ派手なの？ オナガドリの尾はなぜ長い？ これらは，生物のハンディキャップ理論として説明されている．あえて敵に見つけられやすい状況を作りながら，逆にそれでも俺は生きている，と求愛相手に自分の存在を強く印象づけることが目的と言われている．ヒトでいえば，バンジージャンプが相当するだろう．著者のハンディキャップ理論は，「すべてのサクセスはハンディキャップから始まる」である．順風満帆が一番危ない！ 危機意識が問題の本質にたどり着く近道と信じている．ロボカップの一番最初の論文を大きな国際会議に投稿した際，いろいろ文句をつけられて，落とされた．これに憤慨し，複数の小さなワークショップで発表した．これらが，好評を博し，活発な質疑応答を通じて存分に議論を重ね，研究が大いに進むと同時に研究者としての幸せを感じた．翌年，落ちた論文を一字一句違えずに，同じ学会に投稿した．採択どころか，1000 編の投稿論文のなかから 10 編の優秀論文に選ばれた．最初に落とされたときの悔しさが大きなバネになった．以降，自ら窮地に追い込む癖がついてしまった．

8.5 コラム 10：「視覚と聴覚とどちらが大事？」視覚と聴覚の障害者の福島智東大教授

視覚と聴覚の障害者で，東大教授として著名な福島智教授と以前，研究会でお話する機会があった．確か，鷲田教授を通じてだ．彼は，9 歳で視覚を，18 歳で

聴覚を失い，コミュニケーション手段として，お母さんと一緒に指点字を考案した．指点字は指の触覚を利用してコミュニケーションをとるもので，福島教授の場合，聴覚を失う 18 歳までは，音声会話を行っていたことから，聴くほうは指点字だが，しゃべるほうは通常の発声でコミュニケーションをとるので，研究会で議論している際は，聾とは気づかない．ついつい，通常の会話を行っている気分になってしまう．著者の印象に残っているポイントは以下である：

1. 視覚と聴覚とどちらが大事かと尋ねたとき，躊躇なく聴覚と答えられた．理由はコミュニケーション手段を失ったからとのこと．聴覚を失った時，深い海の底に突き落とされた感覚だったとのこと．著者は大学の講義で学生に毎回おなじ質問をして，ほとんどが視覚と答えるが，福島教授の話をすると幾人かは納得している．福島教授は夫婦喧嘩で一番困るのは，指点字コミュニケーションを遮断されること，とぼやいていた．

2. 関西生まれで，聴覚を失う直前までは落語の LP を何度も聞いていたとのことで，機会あるごとに笑いを取ろうとされる．二人の通訳の性格が違うことや，著者が質問で，通訳者が同じ側の場合と対面の場合で困ることはないですかと尋ねたら「発明者ですから，当然対応できます．あははは」と笑われる始末である．何かできないことがありますかと尋ねたら，「カラオケができません」と言われたので，リアルタイムに触覚フィードバックをかけられるデバイスを作るので，カラオケにチャレンジしてくださいと伝えた（著者のサボリ癖で，実現には至っていないが）．

ロボットが環境内でタスクを遂行する上では視覚が重要かもしれないが，本書でも扱ってきたように，対人間とのコミュニケーションを考えた場合，聴覚，さらに触覚も含めたマルチモダルの情報交換が本質的であろう．携帯で音楽を聴きながらの運転などの行動遂行が禁物であるのは，聴覚にじゃまされて，視覚がリアリティをもたず，まるで TV ゲームのような感覚になるからであろう．

第9章 模倣とMNS

第7章では，図5.4で示された発達モデルでのMNSの手前の番号1あたりの課題である身体表現を扱った．本章では，MNSから番号2あたりの課題，すなわちMNSや物まね，模倣について扱う．サルの腹側運動前野F5で発見されたミラーニューロン[135]は，ヒトの場合に対応する部位がブローカ野の近くでもあったが故に，言語能力に至る道筋での重要な役割を果たしていると推察された[136]．その後の様々な研究から，多くの事柄が明らかになりつつある[137, 138]．ここでは，まずミラーニューロンの性質を述べ，それがどのようにして物まねや模倣などにつながっていくかを議論する．

9.1 ミラーニューロンとは？

ミラーニューロンとは，サルがある行為，例えば何か「持ち上げる」ときに，「持ち上げ」ニューロンが発火する．このニューロンは，他者（他のサルやヒト）が同じ「持ち上げ」行為を行っているのを観察したときにも発火し，行為の種類ごとに観察と実行を符号化するニューロンと言われている．ヒトの場合，ニューロンレベルでの発見はされていないが，同様のシステムはあると想定され，ミラーニューロンシステム（MNSと略記）と呼ばれている．

最大の焦点は，他者の動作プログラムを自身の脳内で再現すること，すなわち，他者の内部状態を自己の内部状態としてシミュレーションできることとされている[139]．これは，自他弁別，他者の行為認識，共同注意，模倣，心の理論，共感などと関連すると考えられる．村田[138]は，サルの研究を通じ考察しているが，構成的手法のヒントになりそうな点を引き出してみよう：

- 自己身体認知のステップとして，遠心性コピー[1]と感覚フィードバックの一

---

[1]運動制御においては運動の指令が運動野に送られるだけでなく，その信号のコピーが感覚領

致が主体感を構成し，ずれた場合には，その自己主体感が構成されず，他者
の身体と認知．これは，3.5 節の初期自己の概念（図 3.3）や，5.4 節の予測
学習規範（図 5.5）と合致する．

- 遠心性コピー (efference copy) と感覚フィードバックを照合する頭頂葉が，
  一致（自己という意識）かズレ（他者という意識）のいずれを検出してい
  るのか不明（ヒトの研究では，右の頭頂葉はズレを検出しているらしい）．

嶋田 [140] も，ほぼ同様の立場だが，「外在性身体情報（主に視覚に由来）」と
「内在性身体情報（体性感覚や運動指令（遠心性コピー）に由来）」という表現を用
い，ミラーニューロンの活動について，以下のようなモデルを提案している：「視
覚野において，外在性身体が同定され，内在性身体との整合性がチェックされる
が，このとき，自他弁別のようにその差異が意識されるのではなく，その差異を
解消するように内在性身体が調整され，その結果として運動野や感覚野の活動が
起こる．この外在性身体から内在性身体への処理流れは，運動が常に視覚フィー
ドバックを元に修正されていることを考えれば十分可能である」．そして，この
ような行為の連続が模倣やコミュニケーションに繋がると考えられる．

このような「自己と他者の内部状態の共有と弁別」の過程は，他者が触られる
と自身が触られている感覚（体性感覚野や頭頂連合野が活性）[141] や，快/不快
なにおいを嗅いでいる他者を観察した際の反応（情動系の回路が反応），他者の
痛みの知覚などが挙げられ，共感の基となっていると考えられる．すなわち，他
人の経験を自分の経験のように処理するメカニズムと解釈でき，このような "鏡
のような" 脳の特性が，感情を含めた他者の内部状態を共有・理解する能力の神
経的基盤の一つではないかと考えられている [142]．

図 3.2 に示した自己の概念の発達過程の中で，2 番目の対人的自己の形成前後
に，本章で扱っている模倣や MNS のトピックが含まれる．この図は，ウルリッ
ク・ナイサー [143] に従った分け方をしているが，明確な境界があるわけでなく，
連続であると同時に，モダリティや発達する認知能力により一様に発達するわけ
でもない．むしろ非一様であり，発達段階でどのように相互作用しあうかが興味

野にかえってくると考えられている．このコピーは，中枢神経から末梢系に送られるので，遠心
性コピーと呼ばれ，感覚フィードバックの予測に使われると考えられる．また，こうした信号は
運動の主体の感覚に必要である．

ある点である．明確な自己や他者の表象があるというよりも，相互作用の動的な状況のなかで，それらに対応する状態が創発する構造が望まれる．

9.2　新生児模倣の不思議

　新生児期の最大のミステリーは新生児模倣 [144] であろう．呉 [145] は，重度障害児観察（随意運動がほとんどなく，大脳皮質が解剖学的にも機能的にもほとんど残存していない重度の脳性麻痺障害者で，新生児模倣と同様の口の模倣が観られる）から，新生児模倣の神経基盤はおもに皮質下にあるのではないかと推論している．これは，手や口唇部分の触覚分布密度も高いことも含めて，口唇周辺の運動がかなり生得的と言わざるをえないことを示しているのであろうか？

　認知発達ロボティクスの観点からは大胆な仮説であるが，その要因を二つあげる．一つは，身体構造の物理的拘束である．胎内の窮屈な状況では，両手を抱えているケースが伸ばしている場合よりも多く，口などの顔の近くにくる可能性が高いこと，また，その場合の運動経路にあまり自由度がないと察せられること．これは，先にも述べたように，関節構造だけでなく，筋の張り方により，可能な自由度が既に拘束されていることを意味する．もう一つの仮説は，情報量を増大するための探索などの能動的な行動原理である．すなわち，口唇部は触覚密度が非常に高いと仮定すると，他を触るよりも，多くの情報量が入ってくる可能性がある．また，口腔内という，身体表面と異なる意味合いをもつ部分に対する探索行動としても，胎児にとって興味ある対象と考えられる [146]．

　新生児模倣に対する学習可能性として，Fuke et al. [147] は，視覚情報に支援された触覚・運動イメージによるボディイメージ手法を提案している．本来，第 7 章で紹介すべき研究ではあるが，顔という他者とのインタフェースとして最も重要な部位に関するトピックなので，ここで紹介する．

　先に紹介した Maravita and Iriki [108] や Yoshikawa et al. [111] の方法では，ボディイメージの興味ある手法であったが，獲得できる身体像はカメラの視野に依存し，ヒューマノイドロボットの背中や腹部等の死角部分の像を獲得することは非常に困難である．そこで，視野内で腕を動かし，運動中の関節角速度と手先位置変化量の間を関係づける写像をニューラルネットによって学習し，その結果を用いて視野外でも腕の関節角度を通して手先位置を推測するモデルを提案した．

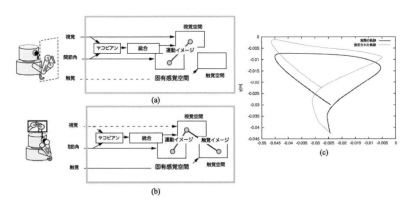

図 9.1: 提案されたモデル：(a) 空間学習フェーズ，(b) マッピングフェーズ，(c) ロボットの手の運動軌跡の推定結果

図 9.1 に提案されたモデルと結果を示す．(a) は，空間学習フェーズで，ロボットは顔の前を動く自らの手を観察する経験を通して，視覚空間と体性感覚空間との間の関係性を示す運動イメージを構築する．同時に腕の関節角の変位（関節角速度）と結果として生じる画面上の手先位置変化との関係であるヤコビ行列も学習される．(b) は，マッピングフェーズで，ロボットは視覚空間と触覚空間との間の関係を示す触覚イメージを，その顔に触れながら構築する．目に見えない位置は，空間学習フェーズで学習されたヤコビ行列によって計算された仮想変位を積分することによって推定される．同図 (c) は，推定されたロボットの手の運動軌跡で，黒いカーブが実際の軌跡を，灰色のカーブ（ノイズあり）が推定結果を示す．ほぼ正しく推定できている．

　また著者らは，接触運動中の各種センサ入力値に発生する不連続性をもとに，顔表面からパーツを構成する特徴的な触覚センサ情報を抽出するモデルを提案した．図 9.2 に結果を示す．仮想的に顔の正面に 2 次元平面を想定し，その平面上で，初期配置ランダムであった触覚センサユニットが，腕を動かして顔を触る運動を繰り返すことで，徐々に目や鼻，口などのパーツに対応するユニットがクラスターを構成している様子が伺える．さらに抽出した顔の情報を，他者の顔の視覚情報から抽出される特徴的な視覚情報と対応関係をとることにより，顔の模倣の基盤となるモデルも提案している [148]．顔という非常に重要なコミュニケーションイ

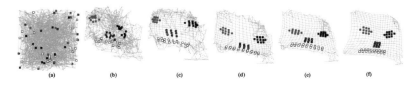

図 9.2: 仮想的な視覚空間にマップされた触覚センサユニット：(a) 0 ステップ，(b) 1200 ステップ，(c) 2400 ステップ，(d) 3600 ステップ，(e) 4800 ステップ，(f) 7200 ステップ.

ンタフェース部位の類似性理解を起点として，他の身体部位の類似性理解，さらには，行動の類似性理解にも繋がると考えられる.

9.3　MNS の発達

　MNS が生得的なのか生後の環境での学習・発達によって獲得されるかの議論は尽きない. 認知発達ロボティクスの立場としては可能な限り後者の立場をとり，説明可能なモデルを構築してきた. Kawai *et al.* [149] は，発達モデルを提唱している. これは，5.4 節で紹介した予測学習規範に基づく発達モデルの一例として，自他認知過程の課題を対象とした場合である. 視覚発達をともなう感覚運動学習が MNS 発達を促進するという仮説（図 9.3 左上）のもとに，未熟な感覚の時期には自他が混同されるが，発達に伴い自他分離が起こり（図 9.3 下），これが MNS の基盤となっている主張である. 言語の習得を始めとして，乳幼児の未熟であるがゆえに，さまざまな認知機能の学習を促進していることが示唆されているが [150]，その計算モデル化の一つと言えよう. もう一つ，養育者側がそれを明示的・非明示的にサポートしていることも忘れてはならない. MNS 創発の場合，他者（養育者）が，赤ちゃん（ロボット）の真似をしてくれることが前提となっている.

　図 9.3 右上にロボットを使った相互模倣の実験シーンを示す. 片手（左右）と両手の上下と左右運動の組合せで 6 種類の運動を他者の人間側が提示し，その運動をロボットが模倣する. その間，図 8.1 に示したように，画像が徐々に鮮明化する. 学習中の視空間のフロー分布の主成分分析の結果を同図下に示す. 左から順に初期，中期，後期である. 初期には，自他未分化のクラスター（点線で囲った領域）がほとんどだが，中期や後期では，未分化がほとんど消え，自己と他者

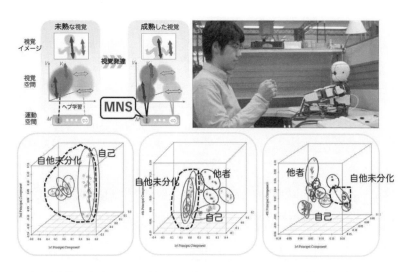

図 9.3: 相互模倣の実験シーン（左上），視覚発達による MNS 創発モデル：（右上の左側）発達初期,（右上の右側）発達後期，学習過程における自他分離度（下の左から右）

が分離している様子が伺える．これらの視覚上のクラスターは運動ニューロンとヘブ学習で結びついており，それが残って，他者の運動を観測したとき，それに相当する自己の運動ニューロンが活性化する（図 9.4 左）．しかしながら，視覚発達がない場合，すなわち，最初から画像が鮮明だと，他者運動の観測と対応する自己運動のニューロンは結びついておらず，活性化しない様子が伺える（図 9.4 右）．未熟であることが，結果として，機能の発達を促しており，8.1 節で紹介した共同注意の視線合せでも同様である．

　もう一つ，最近の MNS の学習モデルを紹介しよう．先にも示したように，MNS の働きは運動の観測からの運動指令の想起だけに限らず，感覚の観測からの感覚想起も含まれる．例えば，"touching sight" [141] が良い例で，他者が触られる状況を観るだけで，自身が触られた知覚が想起される．このように，より一般的には，運動の帰結や感覚そのものの状態予測と関連づけられる [31].

　Copete et al. [151] は，5.4 節で紹介した予測学習に基づく MNS 発達モデルを提案した．自己運動の生成経験に基づく他者運動の認識で，深層型オートエンコーダを用いた複数感覚・運動信号の予測学習である．図 9.5 に示すように，左，中

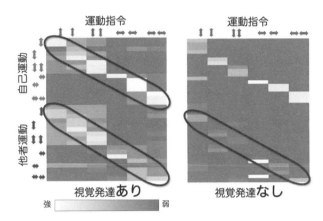

図 9.4: 運動ニューロンの発火：左：視覚発達あり，右：視覚発達なし

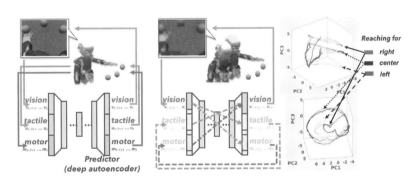

図 9.5: 深層型オートエンコーダを用いた複数感覚・運動信号の予測学習（左）と運動の内部表象：予測学習によりうまく区別されている場合（右上）とそうでない場合（右下）

央，右と三つの異なる場所への到達運動タスクで，視覚 v，触覚 u，運動 m のそれぞれの時系列信号 $t-T+1, ..., t-1, t$ を入力し，自己の運動生成経験を通した予測器を更新する（図 9.5（左））．これが学習フェーズである．これを基に，他者の運動を観測した v と想起した触覚 u と運動 m を用いた再帰的な信号推定で，認識過程に該当し，結果として，MNS 的な応答を示す．図 9.5（中央）にその様子を示す．左上の画像は予測された画像である．予測学習を用いることで，左，中央，右への到達運動制御信号はパターンとして明確に組織化される（図 9.5（右上））が，予測学習を用いないと，運動経験が正しく反映されないため，明確な区別が付きにくい（図 9.5（右下））．

この学習・認識（想起）過程で重要なことは，同時に触覚や運動指令も想起されていることである．触覚に加えて痛覚を想定すると，他者の痛みを感じることができ，共感につながる．これは，第 10 章の痛覚で再度触れる．

9.4　本章のまとめ

本章では，生態学的自己から対人的自己への発達の主役である模倣と MNS について扱った．以下のようにまとめられる：

1. MNS は他者の観測から自己との差異を弁別するのではなく，その差を解消するように脳を活性化することの結果として模倣やコミュニケーションを生じさせる．

2. 新生児模倣の基本メカニズムとして，自身では見えない自己顔のボディイメージの学習，特に特徴的なパーツを表現することで，他者の顔との対応がとれるモデルを提案した．

3. 視覚未熟による自他未分化から視覚発達を通じて自他分化するが．その際，運動空間の連結が維持されることで他者の運動観測から自己の運動指令が励起される MNS の発達モデルを紹介した．

4. 深層型オートエンコーダを用いた複数感覚・運動信号の予測学習による模倣学習法を紹介した．

最後の例で残っている課題は，他者視点取得 (perspective taking) で，既存のロボティクスであればモデルに基づく座標変換で片付くが，認知発達ロボティクスの立場としては，明示的なモデルを用いない手法を利用したい．強化学習によるアプローチ [152] もあるが，より一般的な手法に期待したい．以下では，より社会的な環境での認知発達課題として，共感発達，音声模倣，言語獲得の各段階に進む．

学生さんや若手研究者へのメッセージ (8)：「出来ない」と思うことが出来なくしている！

　お役人の決まり言葉に「前例がないから，出来ません」がある．この言葉自体矛盾している．前例を作るときは，みな初めてだからである．公僕は公に奉ずるのが使命だが，立身出世のために上役に媚びる態度に慣れてしまっている．しかし，それは間違いで，公のために前例に倣わない新たな試みをすることが公僕の使命だろう．研究でも同じことが言える．「これ，出来ません」と学生や若手スタッフが言うとき，「なぜ，出来ない？」と問いただすと，窮することがよくある．要は自分でしっかり考えたわけではなく，借りてきたよその知識で対応しているのだ．つまり，他人の価値観で生きていることになる．そうすると何が起こるかというと，失敗したとき，自分の責任ではないと言い張る．同じ価値観でも全く問題はない．結果同じなだけであって，そこに至るプロセスを自ら体験することが大事だ．そうすれば同じ過ちは侵さない．日本人のホモジーニアスな感覚は良い面もあるが，組織体制のなかで何も言わないことが保身につながるような文化は発展しないだろう．要は，結果出来ないかもしれないけど，その経験が重要だ．そうすれば，出来ないと判断する前に，なぜかを考え始めるからだ．研究者に限らず，あらゆる分野で挑戦者の心構えになるだろう．

9.5　コラム 11：ロボットを使った計算神経科学の大御所，川人光男博士

　ATR 脳情報通信総合研究所の川人光男所長は，計算神経科学の大御所であり，いまさら，業績を紹介するまでもない．著者との関わりでいくと，けいはんなを始

めとして，さまざまな研究会での議論を通じて，脳科学の最前線を学ばせていただいた．特に，「脳を創ることによって脳を知る」アプローチはかなり関連する部分もあり，JST の異分野交流フォーラムなどでご一緒することもあったと記憶する．コラム 2 で紹介した福村晃夫先生が主催された第 2 回の K フォーラムが印象的であった．著者の好みでたくさんの方をお呼びし，非常に生産的かつ刺激的な会であった．詳細は Web のページ（http://www.kayamorif.or.jp/forum/no02-kf.html）を参照されたい．このフォーラムで，川人さんから教えていただいたのが，ミラーニューロンだったと記憶する．従来，脳科学は大雑把にいって，感覚か運動かに二分され，お互い主導権を争っていたように思う．しかし，1996 年のイタリアの生理学者 Rizzolatti のグループの発見 [137] 以来，運動の観測と実行が同一のニューロンで符号化されることの意味は，神経科学のみならず，認知科学，社会学，そして当然のことながらロボティクスにも多大な影響を与えた．マカクザルの F5 と呼ばれる部位にミラーニューロンが発見されたが，言語の生成を司るブローカ野に近く，言語との関わりや [153]，他者の行動の観察から行動の意図理解，そしてさらにマインド・リーディングと過渡に期待されたが，現在では，自他にかかわらず，感覚から行動を符号化するニューロンとして位置づけられている．

　さて，川人さんの話に戻ろう．東大物理から阪大基礎工生物学科に異動され，修士・博士を取得され，助手もされていたころ，実は著者と同年齢であり，研究室も近かったのだ．当時，あまり存ぜず，唯一の交流は阪大基礎工内のソフトボールの試合だった．セーフティバントで一塁へ猛ダッシュする姿も間近でみていた．「ソフトでバントするんや！」と感心したものだった．著者は関西生まれだが，親父がポッポ屋で，JR（当時国鉄）の駅から駅へと転勤を繰り返していて，高校時代は，富山中部に通っていた．そのころ同じ富山県の高岡高校だと伺っている．そしてもう一つ，大のトラキチだそうで，これも著者と同じである．川人さんは，多分，現在もソフトボールを始め，スノボなどアスリートとしても活躍されていて，文武両道の代表格である．

第10章 人工痛覚と共感の発達

　前章まで，親子関係における注意や行動模倣などの構成論的アプローチを示してきた．親子間には，これらの機能的な意味合いで，相互作用に加えて情動や感情の相互作用も含まれる．本章では，痛覚が及ぼす感情の発達から，共感の初期発達過程，および人間の心理的欲求の一つである関係性への欲求に注目した親子間相互作用の動機づけモデルを示す．まず，最初にベースとなる痛覚で，以下の作業仮説を立てた：

1. ロボットが痛みを感じるように痛覚神経回路を埋め込む（本章）.

2. MNSの発達（第9章）を通じて，共感能力を獲得し，ロボットは他者の痛みを感じる.

3. すなわち，情動伝染，EE，CE，同情や哀れみの感情（第5章）をロボットが発達させる.

4. 道徳の原型が創発．ロボットが道徳（被）行為者になる.

5. ロボットに倫理感が生じ，そのことにより法的なエージェントの資格が議論される.

　かなり極端ではあるが，思考実験としては意味があるだろう．本章では，これまで扱ったトピックを踏まえ，1から3について扱う．4と5に関しては，日本ロボット学会誌の二つの解説 [10, 11] などを参照されたい.

10.1　人工痛覚

　人工痛覚の考え方自体は新しいものではない．例えば，Kuehn and Haddadin [154] は，ロボットアームに人工痛覚を埋め込み，痛みを回避する反射的な運動生成を

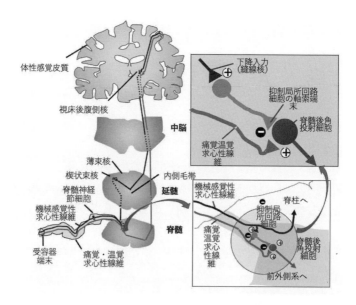

図 10.1: 侵害受容器 (nociceptor) と通常の触覚や体性感覚などの機械的受容器 (mechanoreceptor) の神経経路（文献 [43] の Fig.10.6 (A) と 10.8(B,C) を参考に編集・作成）

可能にした．彼らの意図は，人間との協調作業における安全性の確保の考え方をロボットにも適用したものと考えられる．ただし，回避行動生成に主眼があり，本章で扱う人間との共感などを意図したものではない．以降では，ヒトの痛覚神経系を概観し，その後，柔軟触覚センサを導入し，人工痛覚の実装の可能性を議論する．

10.1.1　痛覚神経系

　侵害受容器 (nociceptor) の神経経路は通常の触覚や体性感覚などの機械的受容器 (mechanoreceptor) の神経経路と異なる経路を持っている（文献 [43] の Chapter 10）．図 10.1 にその様子を示す．濃い灰色線で示した経路が痛覚で，黒の線が通常の触覚の神経経路である．指先などの受容器端末で捉えられた触覚や痛覚は，脊髄神経節細胞を経て，前者は脊柱に向かい，後者は脊髄や脳幹に向かう．両者は別経路であるが，右下の拡大図にあるように，脊髄で抑制局所回路細胞が両者を

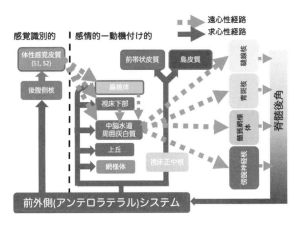

図 10.2: 痛覚の二つの側面（文献 [43] の Fig. 10.5 と 10.8 (A) を引用，一部改変）

接続しており，機械感覚性求心性線維系が励起されると，痛覚温覚求心性線維系が抑制される．すなわち，痛いときに擦ること（「痛いの痛いの飛んでいけ！」）により通常の触覚系が励起され，痛覚系をブロックすると言われている．

　痛みは，触覚や温覚のみならず，他感覚も含めてマルチモーダルに存在し，二つの異なるアスペクトがある．図 10.2 に示すように，前外側（アンテロラテラル）システムに伝わった痛覚信号は，感覚識別的な側面と感情的–動機付け的側面を持つ．前者は，痛みの種類，場所，強さを識別し，体性感覚野に至る．進化的にハードワイヤードと考えられる．それに対し，後者は，痛みの情動的な側面を担い，扁桃体，前帯状皮質，前部島皮質など広範囲に及び，特に，他者の痛みに対する共感を想起するための重要な部位である．この機能は埋め込みではなく，生後の社会的環境を通じて，学習・発達するものと想定される．

10.1.2　ロボットへの痛覚神経系の実装

　図 10.3 は，痛覚の神経科学的知見 [43] に基づく，初期痛覚体験と低減の学習過程を図示したものである．一般に，痛覚信号（侵害受容器からの信号）と通常の触覚信号（機械的受容器からの信号）は脊椎後角で相互作用し，通常の触覚信号励起が痛覚信号を遮断するので，痛みの部分を擦ることで，痛みが軽減される．

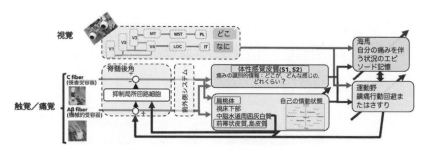

図 10.3: 初期の痛みの経験と痛みの緩和行動の学習

体性感覚，扁桃体，前帯状皮質，島などを用い，海馬を通じて，痛みの記憶表現が視覚体験と一緒に記憶される．

　人工痛覚実装の予備段階として，我々は磁性エラストマとスパイラルコイルを用いた柔軟触覚センサを開発してきた [155]．メカニズムの詳細は省くが，柔軟かつ頑強であることが特徴である．図 10.4 にその様子を示そう．左は優しく撫でる感じで，中央はハンマーで強く打ち込んでいる様子である．右にそのときの 3 軸の力の応答波形を示している．優しく撫でている場合は通常のメカノレプターすなわち機械受容器の反応に対し，ハンマーで打ち込んだ場合は，痛覚受容器が応答すると期待され，シャープな波形から容易に識別可能である．このことは，識別的経路は最初からの埋込み（生得的）として実装可能と考えられる．

図 10.4: 開発した磁性エラストマとスパイラルコイルを用いた柔軟触覚センサの応答：撫でる場合と打ち込む場合の波形

　それに対し，情動的–動機付け的経路は，情報の流れとともに，痛みの主観的体験や養育者との相互作用を通じて痛みの表象が獲得（学習）されると想定される．これが痛みのクオリア（感覚質）に対応するのかもしれない．この表象が他者にも存在することを仮定する MNS が共感の重要な要素となる．このような心の機能の発達を構成的にアプローチする考え方が認知発達ロボティクスの基本である．

10.2　感情の始まり

　5.1 節では，感情や情動の成り立ちを説明した．また，前節では痛覚の神経機構と人工痛覚の予備実験について述べた．本節では，痛覚を含めたより一般的な触覚や視覚，聴覚などのマルチモダルな感覚からの感情の始まりについての発達モデルについて紹介する．Horii *et al.* [156, 157] は，乳幼児と養育者の相互作用を通じた情動知覚の発達過程のニューラルネットワークモデルを提案した．階層的に構造化された制限付きボツルマンマシン (RBMs) を用いて，養育者からの多様なモダリティの情報（視覚，聴覚，触覚）から養育者の情動状態を推定する．仮定として，多様なモダリティの刺激に対する情動カテゴリーは以下の二つの重要な機能に基づき，ネットワークの上位層に表現されるとしている．一つは，触覚優位で神経線維の構造からポジティブやネガティブなどの感情価を評価しやすいことで，準教師あり学習として実装される．そしてもう一つは，知覚向上と称するもので，発達過程で知覚精度が発達的に向上することを意味し，下位層の RBMs において分散パラメータを狭くしていく過程として実装される．

　図 10.5 左に，提案された計算モデルの概要を示す．(a) は，一層の RBM モデルで可視レベルの活性度を示しており，隠れ層の活性度に応じて重みが学習される．(b) は，提案モデル全体で，下位の各感覚モダリティに相当する三つの RBM 層と上位の情動モジュールからなる．モデル訓練時に触覚優位によるバックプロパゲーション信号が学習を促す．(c) は実験結果を示している．仮想的な対人実験を施し，人間側がニュートラルを含む七つの情動を表出し，それを認識し，カテゴライズし，模倣表出する学習過程を踏む．初期はカテゴリーが曖昧で，そのため，表出する表情も曖昧だが，徐々に区別されていく過程を示している．学習前では，ある程度クラスターを構成しているが，オーバーラップがある．それが，学習中期を経て，後期には，Russell [158] の円環モデルに似た，快/不快，覚醒/非

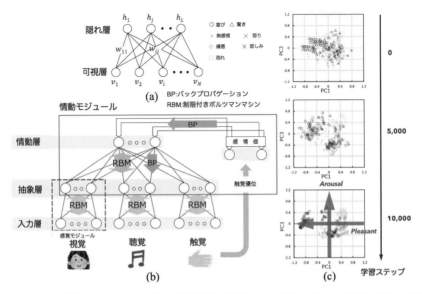

図 10.5: 触覚優位と知覚向上に基づく幼児期の情動知覚の発達のための計算モデル（左）と実験結果：学習初期から後期に至る過程で情動の分類（右）

覚醒が，水平および垂直のそれぞれの軸に対応するカテゴリー化が生じた．比較で，触覚優位の有無，知覚向上の有無の実験を行ったが，両方が揃わないと，明確なカテゴリー化が進まなかった．今後は，よりリアルな状況での実験を踏まえ，二つの効果の検証を進める必要がある．

10.3　初期の共感発達モデル

　養育者が子どもの情動的な顔の表情を真似したり，大仰にしたりする直観的親行動は，発達心理学において，母親の足場作りと見なされている [159]．子どもたちは，これに基づいて，共感を発達させるとされている．Watanabe *et al.* [160] は，ロボットが共感的な応答を学習するために，ロボット自身の内部状態と，養育者が真似したり誇張した顔の表情とを関連づける人間の直感的親行動をロボットを使ってモデル化した．内部状態空間と顔の表情を心理学的知見を用いて定義し，それらは外的刺激に応じて，ダイナミックに変化する．学習後，ロボットは

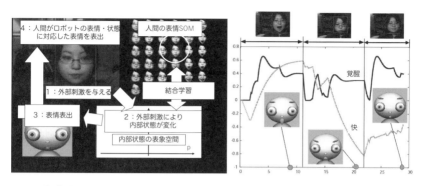

図 10.6: 直感的親行動に基づく子どもの共感発達の学習モデルにおける自身の内部状態と観察される他者の顔表情との連合

人間の顔表情を観察することで，養育者の内部状態に応答する．そして，ロボットは，それに呼応するように，自身の内部状態を変化させ（共感），それに対応する顔の表情を表出する．

　図 10.6 左は，養育者の直感的親行動を通じて，共感の感覚を発達させる子どもの学習モデルを示す．子供が情動的な体験をし，顔の表情を変えることで，その感覚を表出し，養育者は共感し，付随して，誇張された表情を示す．そして，子どもは，経験した感情と養育者の顔表情の間の関係を発見し，相互に感情と顔表情を結びつける．ロボットの情動空間は，Russell[158] が提案したモデルに基づいて構成されている．この再分化過程は，情動伝染から EE への発達を表しているとも考えられる．学習後，養育者の顔の表情から養育者の情動状態を推定し，それに対応する表情表出の推移を示している．覚醒も快も高い驚きから，怒り，幸福とほぼ正しく，推定している様子が分かる．

10.4　共感行動学習モデル

　生態学的自己から発達し，養育者との相互作用を通じて，MNS が作用し，対人的自己に至る．対人的自己は意識を実現する上で基盤となり，他者の概念が顕在化し，さらに社会的存在としての自己（社会的自己）の形成に至る．社会的自己は意識の完成形とみなせる．これらをまとめて，共感発達モデルとしての自他認

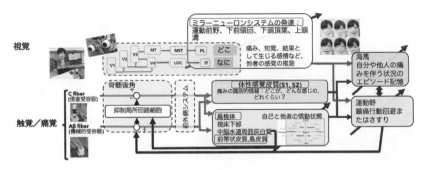

図 10.7: 痛み経験の共有

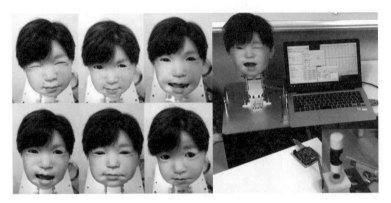

図 10.8: 新作 Affetto の表情表出（左）と痛みの表情（右）

知過程を，著者は文献 [90] で提案している．

　痛みの共有は，図 10.7 に示すアーキテクチャで可能である．他者の痛みの状況を観ることで，自身の以前の痛み経験（図 10.3）が想起され，他者への痛み軽減行動が学習される．Seymore [161] は，痛みを制御信号とみなし，反射モジュール，機械的および認知的学習システムからなる階層構造を提案している．これにより，ロボット自身がモラルエージェントになる可能性を示唆する．

　Ishihara *et al.* [162] は，表情表出豊かな赤ちゃんアンドロイド Affetto を開発しているが，最近，新作を発表した[1]．図 10.8 にその一部を示す．先の痛覚回路と柔軟触覚センサーを簡易実装して，痛みの表情表出も可能としている．

---

[1]http://www.ams.eng.osaka-u.ac.jp/user/ishihara/?p=2421&lang=en

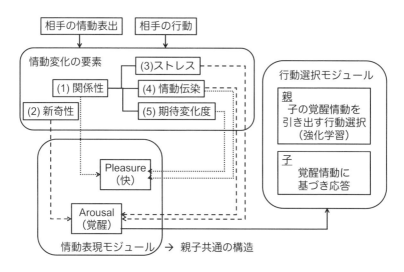

図 10.9: 社会的関係性学習モデル

10.5　社会的関係性の学習モデル

　上記の共感発達では，養育者は常々子どもを見守る立場であり，社会的関係性が保たれている．大人の死亡要因のメタ解析 [163] では，喫煙，アルコール，大気汚染などの直接的要因を抑えて，この社会的関係性の破綻が上位を占めている．それほどに人間の場合，社会的関係性が重要である．Ogino *et al.*[164] は，社会的関係性を要求する乳幼児の様子を表すスティルフェースパラダイム (still face paradigm) [165] において，その計算モデルを構築し，社会的関係性に対する要求のメカニズムを学習を通じて表している．スティルフェースパラダイムとは，乳幼児と親との相互作用中に突然，親が乳幼児からの応答に何も反応しない静止顔になると，乳幼児の笑顔が減少し，ぐずり，親の注意を引こうと発声することから，他者との関係性を維持したいという欲求が親子間相互作用を動機付けていると考えるパラダイムである．

　図 10.9 に関係性を持つ動機付けモデルを示す．快–不快の情動空間にマップされる要素と行動（ジェスチャや顔表情）からなる．図 10.10 上の三つのグラフは，情動空間上に社会性が築かれていく様子を，下は関係性の遷移である．灰色の小

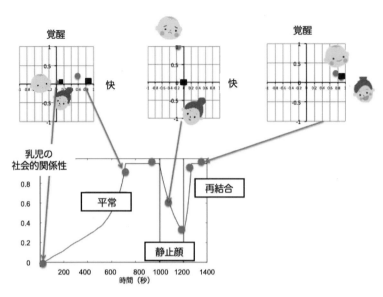

図 10.10: 社会的関係性学習の実験結果

円，黒の小さな方形が，それぞれ乳児と養育者の情動状態（上）を示している．下
は乳児の関係性の値である．当初は平常（ニュートラル）で関係性も低いが，徐々
に関係性が築かれ，安定状態に入る．静止顔（スティルフェース）状態では，関
係性が急激に低下し，子どもの覚醒状態が上がっている．静止顔状態を終えると，
元の状態，すなわち，社会性が上がり，親子ともども快状態に移行する（再結合）．

10.6　本章のまとめ

本章では，痛覚を導入し，その神経科学的構造と人工痛覚のあり方について議
論した．まとめは以下である：

1. 侵害受容器の神経経路は通常の触覚や体性感覚などの機械的受容器の神経
   経路と異なる経路を持っており，脊椎で抑制がかかり，痛いところを擦ると
   痛みが軽減される（痛いの痛いの飛んでいけ！）．

2. 頑強な柔軟触覚センサーを開発し，信号レベルで触覚と痛覚を区別できる

予備実験を示した.

3. 制限付きボツルマンマシン (RBMs) を用いて，触覚優位と知覚向上による
   情動知覚発達モデルを提案し，実験からその情動分化の可能性を示した.

4. 直感的親行動に基づく情動分化の計算モデルにより情動分化と表出の可能
   性を示した.

5. 社会的関係性の学習モデルを提案し，乳幼児の応答を再現できた.

学生さんや若手研究者へのメッセージ (9)：痛みのない改革はない！

日本の大学の現状には，あまり希望が持てない．部局主体の縦割りの構造がき
つく，その中に閉じこもりがちで，これを打破しようと改革を叫んでみても，なか
なか動かない．現状の組織を維持しようとしている．一般に，組織は守ろうと
した時点で終わっている．大学ではないが，有名ブランドは，常々の改革と革新
の努力の結果として，残っているように見えるだけである．守りに入った時点で
将来が見通せず，更に守ろうとして朽ちていく．本章でも紹介したように，痛み
は生存していく上で必要だ．痛みのない改革はありえず，ないことで改革ではな
くなっている．横串の組織をどこの大学も設けようとしているが，それだけでは
足りない．際を本質として捉え，際を超えた何かを痛みを伴って進めていく覚悟
が必要だ．組織レベルの話になったが，研究者個人も同じである．攻めの気持ち
を大事にしよう！

10.7　コラム 12：玉川大学名誉教授塚田稔画伯

玉川大学の塚田稔名誉教授は，著名な神経科学者であるが，著者と名前が一文
字違い，干支が同じ蛇で 12 歳年上，理研の甘利先生や北大の津田一郎名誉教授
（現，中部大学）の親友ということもあり，様々なところで，ご一緒させていただ
いている．塚田教授のもう一つの側面として，画伯としての経歴が長い．シュー
ルな抽象画が多く，赤を基調とした作品が著者は多いと思っている．塚田画伯か
ら，好きな絵をやるから選べと言われて，選んだのが 2013 年の第 60 回記念日府展

（東京都美術館）で日府展記念賞を受賞した『カスバの壁面』（181.8 × 227.3cm）
である．画伯にしては，珍しく緑が基調の絵画で，気に入って選んだ．現在，大
阪大学大学院工学研究科の建物内に展示している．

　神経科学者プラス画伯の立場を 1+1=2 でなく 10 倍以上の内容で脳のミステ
リーの一つである創造性について，自身のユニークな論法で解き明かしているブ
ルーバックスの書籍『芸術脳の科学 脳の可塑性と創造性のダイナミズム』[166] が
あり，一読に値する．著者は，ロボット自身が創造性を持つかというチャレンジ
ングなテーマに惹かれ，何度も読み返している．著者より一回り上であるが，い
つもエネルギーに満ちており，社交ダンスの名人でもある．

第11章 音声の知覚と発声の発達 過程

　Symbol Emergence の訳語である記号創発の課題は，スティーバン・ハーナッ ド (Stevan Robert Harnad) [167] が提唱した記号接地問題 (symbol grounding problem) と表裏一体である．「記号を接地する」という表現は，最初にシンボルあ りき的発想で，AI のシンボル至上主義を連想させる．それに対し，記号創発は， ロボティクスと結合することで，他者を含む環境との相互作用を通じて，感覚運動 経験を抽象化していく過程，そして最終的には言語獲得に至る過程に繋がる，よ り一般的かつ広範な基本課題を含みうる [168]．これは，これまで述べてきた認知 発達ロボティクスの方向性と合致しており，言語獲得を最終ゴールとするならば， 著者らが推進してきたプロジェクトの成果や今後の課題 [169, 170] のいくつかは， 記号創発の道筋であるとも解釈できる．

　ここでは，身体性，社会性，発達をキーにした認知発達の凝縮課題の一つが記号 創発であると捉え，その研究分野の一例として，「音声の知覚と発声の発達」とい う課題をとりあげる．なぜなら，乳幼児のランダムなクーイング (cooing) 期（お よそ 4ヵ月頃）やバブリング (babbling) 期（およそ 5〜6ヵ月頃）から母音発声に 至る過程は，養育者とのさまざまな相互作用を通じた記号創発過程と見なせるか らである．最初に，音声の知覚と発声に関する生理・心理学的知見を紹介し，基 本課題を示す．次に，認知発達ロボティクスの観点から，この課題の意味を再考 する．特に母子間相互作用による言語獲得過程に焦点を置く．そして，認知発達 ロボティクスで行われてきた関連研究を紹介する．養育者が持っているバイアス として，知覚範疇化や構音機構の拘束によるマグネット効果 (magnet effect) に加 え，自身を模倣してくれるという期待から生じる解釈の偏り（自己鏡映バイアス (auto-mirroring bias)）のモデルを紹介し，いかに身体性や社会性が密に関連し ているかを示す．

11.1　母子間相互作用による言語獲得過程の課題

　生誕直後の乳児の声の聴取能力は，言語圏によらないユニバーサルなものであるが，徐々に乳児が属する言語圏の声を聴取するのに特化していく [171]．知覚マグネット効果は，人が有するカテゴリーの一つに近い典型的なものとして刺激を知覚する心理学的現象である．この効果は，約 6 ヵ月齢に達した乳児で観察することができる [172]．Kuhl *et al.* は，6 ヵ月未満の乳児では母音をどの言語でも区別できるが，その認識は徐々に母語に合わせて行われ，6 ヵ月前に普遍的知覚能力を失うと報告している [173]．また，新生児は母親の声を他人と区別することができ，出生前の聴覚体験は出生後の聴覚嗜好に影響することが示されている [174]．

　発声に関しては，はじめは非音韻様[1]の発話しかできないが，咽頭蓋の沈下 [175] に従って，徐々に養育者の声に適応していく [176]．この時期，養育者側からの模倣がより頻繁に見られることが報告されている [177]．また，乳児の発声が音韻様であるときに母親は高頻度で乳児の音声を模倣すること [178] や，母親の模倣が乳児の音韻様の発声の頻度を高めること [179] などが報告されている．8 ヵ月になる頃に単母音を，14 ヵ月になる頃に連続する母音の模倣を示すようになると言われている [180]．前後の同時期，乳児は大人が理解できる言葉を発しはじめる [181]（語彙の共有化）．親の声と自分の声の対応付けができることで，言葉の獲得が促進される可能性がある．

　上記の過程で，人間はどのようにして共通の音韻を獲得できるかは，音声コミュニケーションによる初期言語発達過程の最初の課題である．発達する乳児（あるいはロボット）と，その発達の目標あるいは導き手となる養育者が，それぞれ異なる身体で声を発し，相互に聞き取らなければならない．人は体内にある鼓膜の振動として音を聴取するため，相手の声についてはその気導音のみが知覚されるのに対し，自身の声については気導音と体内を伝わってきた骨導音とが合わさった形で知覚される．したがって，自分自身にとっては相手と物理的に同じに知覚される声を産出できたとしても，それから骨導音が除かれた気導音を聴取する他者にとっては，同じと知覚される音になっているとは限らない．したがって，物理的な音響特徴そのものを模倣の指標とするのではなく，乳児は何が対応するの

---

[1]タイトルには，広く「音声」という言葉を用いているが，本章では，対象とする言語の意味単位としての「音韻」を，以降対象とする．対象言語を規定するのは，ここでは養育者である．

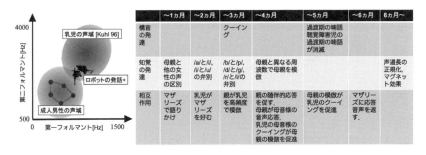

図 11.1: 声域の比較：日本人成人男性 10 人による日本語母音発話の分布（五角形），乳児の声域（文献 [184] の図から引用，日本語化），発話ロボット [185] の声域（十字の点）と乳児の構音，知覚，母親との相互作用の発達的変化（文献 [186] の表 1）

かをどのように発見可能かが重要な問いとなる．

　人の音声は，声帯に呼気が送り込まれることにより生じた空気の振動が，声道を通過する際に共鳴することによって産出されるため，その音響特性を表すフォルマント（formant 共鳴周波数）は声道がどのように形作られているかによって決まる．フォルマントは，母音識別に有効な特徴で，音声スペクトルのピークを指し，低い周波数から順に，第一フォルマント，第二フォルマントと呼ばれる．霊長類のコミュニケーションにも利用され，そのため生得的に埋め込まれているようである [182]．したがって，身体の違いのため，両者が発することができる声の音響特徴の範囲は異なり（図 11.1 左参照），養育者の声と物理的に同じ音響特性を再現しようとしても，それが産出可能範囲内のものであるとは限らない．よって課題は，

- 自分の声と自分の声を産出するための構音運動を関連付けること
- 生後の周りの大人とのやりとりの中から，親の声と自分の声の対応を見いだすこと（音韻の共有化）

である．この過程で，養育者との相互作用が乳児の音韻発達に重要な役割を果たしていると考えられる [183]．

　図 11.1 右の表に，乳児の構音，知覚，母親との相互作用の発達的変化をまとめた．6ヵ月頃までに知覚範疇（マグネット効果）獲得準備が行われ，特に 3〜4ヵ月頃の相互模倣が後の相互作用にも効果を現していると察せられる．

11.2　音声の知覚と発声の発達における身体性と社会性

3.5 節の図 3.2 では，白他認知の 3 段階の発達を示しているが，本節で扱う「音声の知覚と発声の発達」の課題では，自分の声と自分の声を産出するための構音運動を関連付けることが第 1 段階に対応する．主に自己身体，すなわち，ここでは，自身の発声と音声の知覚の関連付けの学習に留まる．構音機構による発声範囲と聴覚機構による感覚空間によって，拘束される写像である．次に，生後の周りの大人とのやりとりの中から，親の声と自分の声の対応を見いだすこと（音韻の共有化）が第 2 段階に対応する．ここでは，主に後者の状況を想定するが，両方含めて，身体性，社会性の意味について考えよう．なお，詳細は文献 [186, 187] などを参照されたい．

図 3.2 の (2) に示す，養育者との相互作用では，養育者がさまざまな意味合いで，学習者（赤ちゃん）の発達の多くの可能性の中から，ある経路に絞り込んでいく過程が存在する．その最重要基盤として，相互模倣がある．乳児の音韻発達において養育者に自身の発話を模倣されることが重要な役割を果たしていると示唆されているが，その具体的な機能については明らかでない．これに対し，著者らは養育者による模倣に二つの役割があるとの仮説を提案している：

1. 乳児の行動に対応する養育者の行動，すなわち身体構造の違いを吸収する対応付けを正しく学習するための正解例を乳児に例示する働き，

2. 養育者が乳児の発声を再現する時に身体構造の違いのため完全には再現できず，無意識のうちに自身の普段よくする行動，つまり母音の発話に置き換えた模倣をすることで，乳児の発話カテゴリを母音に誘導する働き，

である．前者は教示行動の表れであり，他の霊長類にはあまり見られない明示的な社会的行動である．これに対し，後者は，身体性に拘束された中で，音声不一致が引き出す，養育者の引き込み行動である．もし，完全に音声的な整合（同じ音声が発声可能）がとれていれば，引き込みの必要もない代わりに，教示行動にもなりえない．両者に共通するのは，親の愛着による明示的，非明示的な社会的行動であり，それにより，学習者の発達経路の複数の可能性を絞り込んでいく過

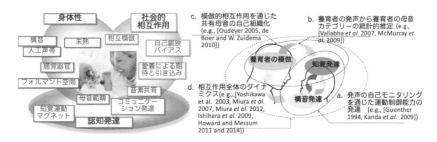

図 11.2: 音声の知覚と発声の発達（左）と計算モデルのアプローチの分類（右）

程でもある（例えば，英語か日本語かなど）．このように，身体性に裏打ちされた自己の表象が，養育者の身体との相互作用により形作られる構造の性質や構造構築そのものの可能性をここでは，「社会性」と呼ぶ．図 11.2 左は，関連する課題をまとめたもので，以下ではこれらを解く試みの計算モデルを紹介する．

11.3 初期言語発達に関連する計算モデル

図 11.2 右に計算モデルのアプローチを四つに分類した図を示す．それらは以下である．

(a) 発声の自己モニタリングを通じた運動制御能力の発達（例えば，[188, 189, 190]）

(b) 養育者の発声から養育者の母音カテゴリの統計的推定（例えば，[191, 192]）

(c) 模倣的相互作用を通じた共有母音の自己組織化（例えば，[193, 194, 195, 196, 197, 198, 199, 200, 201]，EU ACORNS プロジェクト[2]）

(d) 相互作用全体のダイナミクス（例えば，[202, 185, 203, 204, 205, 206, 207]）

(a) では，学習者の発話がどのように養育者の発話に影響を与えたか考慮していない．すなわち，相互作用が検討されていない．(b) では，学習者が獲得した発音カテゴリは学習者のものではなく，養育者のものであった．したがって，対応問題は考慮されず，両方の話者の発話にも影響が及ばなかった．(c) のケースでは，マルチエージェント社会は同質であり，エージェントは同じ聴覚系と運動（関節

---

[2]http://lands.let.ru.nl/acorns/

系を持っていた．それらの間で行われた模倣ゲームは同種のエージェントである．しかしながら，乳児と養育者は異種エージェントであり，妥当と思われない音響マッチングに基づいていた．成人と幼児の声道の大きさは異なっており [208]，結果としてそれらの音質も互いに異なっている．

　この問題を解決するのは，図 11.2 右の大きな破線の楕円で示すように，幼児と養育者の間の声の相互作用の全体的なダイナミクスを考慮した (d) である．幼児と養育者の間の発話のダイレクトマッピングの概念を利用しているもの [202]，養育者の発話が幼児の発話に変換されるもの [185, 207]，養育者の肯定的バイアス [206]，学習者のバイアス [203]，養育者の言い直し [204, 205] などで，これらのアプローチについて，次節で説明する．

11.4　身体構造の異なる他者との母音の対応学習

　Rochat [209] は，乳幼児の未熟な行動に対する養育者の肯定的解釈と模倣は，乳幼児の社会的能力の発達を促進すると主張した．以下の研究では，様々な実装の計算モデルや実ロボット実験を使用してこれを実現しようとしている．

　Yoshikawa *et al.* [202] は，母子間相互作用モデルとして図 11.3(a) に示す構造を考えた．先行研究 [210] を参考に試作したロボットはランダムクーイングし，養育者の応答が入力となり，フォルマント抽出器により聴覚層にフォルマントベクトルが保持される．構音層は音源を用いて，シリコンチューブを五つのモーターで変形することで発声するための構音ベクトルを保持する．聴覚層，構音層，それぞれ自己組織化によりクラスタリングされると同時に二つの層間でヘブ学習によりクラスターを連結する．養育者は，ロボットが発声する音声がいずれかの母音に聞こえたならば，その母音を返すというオウム返し行動をとる．最初，母音の範疇も発声の仕方も知らなかったロボットが相互作用による学習を通じて，母音の範疇獲得，ならびに発声の仕方も同時に獲得する．音声発声は通常，声道の形状で決まるフィルター関数によって音源が変調された結果だとみなされ，音声生成の「ソース–フィルター理論」と呼ばれている．ここでは，バイブレータを音源とし，シリコンチューブを五つのモーターで変形可能な声道に見立てた．

　図 11.3 右に実験結果を示す．通常のヘブ学習過程で獲得された構音ベクトルを (b) に示す．養育者がロボットに合わせて，自身の母音を様々に変えて応答した結

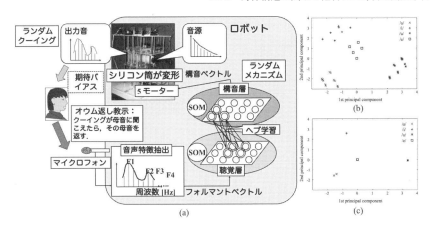

図 11.3: 母子間相互作用モデルによる音声模倣ロボットシステム（左）と実験結果：構音ベクトルの主要 2 成分の分布（右）

果，ばらつきが多い．それに対し，(c) では，より少ない力やシリコンチューブのより少ない変形を好む修正ヘブ学習の結果を示す．ばらつきが少なくなっている様子がうかがえる．オウム返しという養育者からの社会的応答に加え，疲労が少ないなどの主観的基準に基づく学習過程が，声道というロボットの身体性拘束を反映した結果となっている．

　養育者の母音と学習者自身の母音との間のマッピングを学習者がおおまかに推定できるという仮定に基づいて，Miura *et al.* [185] は，対応問題を解決するためにフォルマント空間における並進，回転，スケーリング，およびそれらの組合せなどの異なる変換（マッピング）がどのように作用したかを調べた．また，より明瞭に模倣可能にするためのフォルマント空間での探索問題として捉え，低模倣率にも対応した [203]．

　模倣一般に言われているように，人は何かを模倣する際，感覚器からの信号をそのまま模写し，行動するわけではなく，なんらかの知覚運動バイアスがかかると考えられる．Ishihara *et al.* [206] はさらに相互作用がフィードバックを増幅する自己鏡映バイアスという概念を提案し，計算機シミュレーションによって，二つのバイアス（図 11.4 (a)）が乳児の，身体構造の対応付けの学習と並行した音韻共有化過程に及ぼす効果を検討した．

　前者の知覚運動バイアスは，乳児の発話をより母国語母音らしい音として解釈

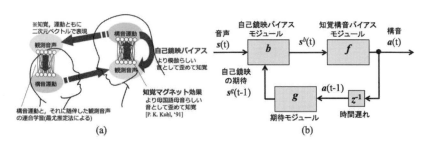

図 11.4: 養育者の知覚運動バイアスと自己鏡映バイアス（左）とその二つのバイアスを
組み込んだ模倣システム（養育者側）

するバイアスであり，これは母国語母音の典型例（/a//i//u//e//o/のような母音
プロトタイプ）を中心とした知覚バイアスである知覚のマグネット効果 [172] で
ある．ただし，音声を構音する際にも自身の普段発声し慣れた母音へのバイアス
が生じると考えられるため，これらを模倣におけるプロトタイプへのバイアスと
してまとめて扱い，以後「知覚構音バイアス」と呼ぶ．

　もう一つのバイアスは，乳児の応答をより精度のよい模倣として解釈するとい
うものである．これは，相互模倣の最中に親は乳児に模倣されることを期待して
おり，その期待に沿うように乳児の応答を解釈するという仮定に基づくものであ
る．以下ではこれを自己鏡映バイアスと呼ぶ．これは，プラシーボ効果に通じる
もので，被験者実験を通じて検証した．コンピュータで生成した合成音に対し，被
験者に単純に模倣してもらうグループと，模倣に加え，「コンピュータも被験者を
模倣する場合がある」と説明を受けたグループ間で，被験者の応答の時間的変化
を計測した．後者のグループでは，相手が自分の模倣をしているという思い込み
から，最初のある時刻で被験者が発声した音声を次の時刻でコンピュータが模倣
したと錯覚し，その次の時刻で被験者がコンピュータの模倣をすると，被験者の
最初の時刻とその次の発声の変化が，バイアスがない場合に比較して少なく，明
らかなバイアス効果が観測された [211].

　図 11.4 (b) に，二つのバイアスを組み込んだ養育者側の模倣システムを示す．
養育者は乳児（学習ロボット）の時刻 t の音声 $s(t)$ を聴き，その音声を構音 $a(t)$
で模倣する．この模倣過程は三つのモジュールの機能からなる．一つは，入力音
声にバイアスをかける自己鏡映バイアスモジュール (b)，二つ目は，マグネット効

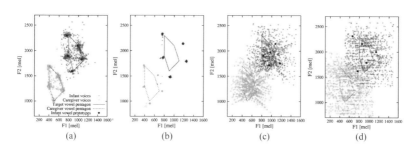

図 11.5: 知覚運動バイアスと自己鏡映バイアスの違いによる相互模倣発話分布の違い

果を持つ知覚構音バイアスモジュール (f)，そして，三つ目は，自己鏡映による期待を計算する期待モジュール (g) である．先にも述べたように，「自己鏡映による期待」は，他者の音声が自身の音声の模倣であるとの期待から，他者の音声が自身の音声に似ているという期待にバイアスされた知覚と定義される．他者の音声 $s(t)$ は，自己鏡映による期待 $s^g(t-1)$ にバイアスされ，$s^b(t)$ に変換される．

図 11.1 左に示すように，養育者と乳児（学習ロボット）のそれぞれの発声可能な音域は異なるので，養育者によって知覚された乳児の音声は，養育者自身の発声可能な構音パラメータに変換されなければならない．ここでは，正規化ガウス関数ネットワーク (normalized Gaussian network) を用いて，乳児の発声可能領域から養育者の発声可能領域へ写像している．

図 11.5 に，二つのバイアスの強さを変えて相互作用させたときの，養育者と乳児が発声した発話音声のフォルマントの分布を示す．濃い灰色の分布が乳児の模倣音声であり，五つの黒点は相互作用終了時の乳児の五つの母音プロトタイプの位置を示す．薄い灰色の分布は養育者の模倣音声である．図 11.5(a) は，両方のバイアスが存在し，相互模倣を通じて，互いに正しい母音位置に収束している様子を示す．同図 (b) では，知覚構音バイアスにより収束しているものの，正しい位置ではない．同図 (c) と (d) では，自己模倣バイアスのみが作用している場合と二つのバイアスがともに無い状態で，ばらけた音を互いに適当に模倣しあっている．模倣における二つのバイアスがバランスした状態で両方存在していることが，乳児の音韻の共有化を誘導していると考えられる．

上記の一連の研究 [202, 185, 206, 203] に触発されて，Howard and Messum [212,

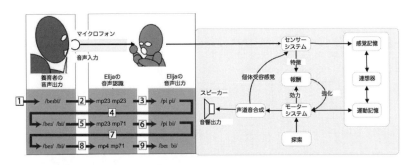

図 11.6: 単語教示における言い直しの一例（左）と Elija のアーキテクチャ（右）（文献 [205, 204] からの二つの図を改変，日本語化）

204, 205] は，計算モデルに基づく仮想モデル Elija を使って，この対応問題の解決に努めた．Elija の最新バージョンでは，能動的な自己学習を通して，最初に音の運動パタンを発見する．次に英語，フランス語，ドイツ語を母語とする話者が養育者として Elija と対話し，Elija は養育者の応答を記憶することを通じて，記憶されたパターンに反応した．この相互作用は単語学習に拡張された．図 11.6 は，言語教師の養育者による言い直しの例を示している．これは，Elija によって学習される単語の教示に対応し，そのアーキテクチャは右側に示されている．Howard and Messum の結果は，人間の被験者が幼児のような発声 (Elija) に自然に行動し応答したこと，そしてこれが，Elija をクーイング/バブリングの段階から単語発声の段階に導く．

11.5　本章のまとめ

言語は，二重の意味でシンボリックである．アイコニックからインデキシャル，そしてシンボリックに至る言語特有の参照形式の意味合い [123] と，言語という人間に特異的と思える認知機能の象徴的な意味合いである．本章では，後者の意味で，記号創発ロボティクスの象徴的課題として，音声の知覚と発声の発達過程を取り上げた．まとめは以下である：

1. 認知発達ロボティクスのアプローチのキーワードである身体性，社会性，そして発達を，特に母子間相互作用に焦点を当てて再考した．

2. オウム返し教示による母音発声の計算モデルと実験結果を示し，発声エネルギーの低減や声道変形最小化などの身体性が母音獲得に有効であることを示した．

3. 知覚構音バイアスと自己鏡映バイアスが働くことで，養育者との相互模倣により母音のプロトタイプが獲得できた．

本章で扱ったのは，母音のみであり，当然のことながら子音獲得が次の段階である．乳幼児様のメカニカルな発声機構の設計や実験も行ってきたが，未完であり，かなりハードルが高い [213]．語彙獲得は次のステップであるが，以降の 12.3 節で紹介するいくつかの方法も，実際の母子間相互作用のリアリティはまだまだ低い．視覚・聴覚だけでなく，触覚などのマルチモーダルな情報の統合，物体操作の運動スキルの発達による物体モデルの深化やアフォーダンスの表象の発達も考慮する必要があるだろう（主に身体性の詳細化）．これらの研究を統合し，音韻と語彙の共発達における養育者の誘導的役割をモデル化することも重要である（主に社会性の詳細化）．

学生さんや若手研究者へのメッセージ (10)：親のような存在がさまざまな育みをもたらす！

　本章で紹介したように，親の様な存在が子のポテンシャルを引き出すことができる．少なくとも子はそれに気づいていない．第 1 章の対談で述べたように，教育とはともに育つことであり，教えすぎも放任もだめで，その間がいいバランスだ．その点で「親」という漢字は良くできている．木の上に立って子を見る，すなわち距離を置いて，しかし，しっかり見守っているのだ．今から振り返ると，恩師の先生方はいずれもこのタイプであったし，自分自身も教え子に対してそうであったと信じたい．大事にしなければいけない存在である．

11.6　コラム 13：トリのうたからヒトのことばへ：岡 ノ谷一夫東大教授

　動物行動学者である岡ノ谷　・大東大教授とは，相当長い付き合いだ．最初はトリのうたの解析で著名だったので，一方的であったが，JST の異分野交流フォーラムで直接お会いする機会があり，その後は機会あるごとに研究討論や音声模倣実践研究会（カラオケ！）などで，模倣度合いを競い続けている．論文などで知っていたのはトリの歌声の解析で，言語に類似した階層構造があり，歌が言語の起源という仮説で論陣を張っておられた [214]．著者が漠然と，言語進化には身体が必要だと主張していたのに対し，進化生物学の観点から言語的「知」のあり様を進化適応の産物ではなく，創発性をもった知としての獲得としている [215]．この点は，Deacon の脳と言語の共進化 [124] に通ずるものがある．2008 年 ERATO 情動情報プロジェクトの総括を，2017 年には，文科省科学研究費補助金新学術領域研究（研究領域提案型）「共創的コミュニケーションのための言語進化学」（共創言語進化）（平成 29–33 年度）の領域代表を務めている．そういえば，しばらく音声模倣実践研究会から遠ざかっている．声帯という身体知を活用させねば……．

第12章 言語獲得の過程

　言語能力は人間を人間たらしめる大きな能力の一つである [124]. その能力は先天的にヒトだけに与えられた能力なのか, 環境, とくに養育者など他者を含む社会的環境に依存するのか, という古典的な「氏か育ちか」の課題に通ずる. 現在では, 単純な二元論ではなく, その中間に位置する, すなわち, 直接的な言語能力自身ではなく, 社会的環境によって言語能力が備わるための要件が備えられているという見方が有力で, マット・リドレー (Matt Ridley) は, 著書『やわらかな遺伝子』[216] で,「遺伝子は神でも, 運命でも, 設計図でもなく, 時々刻々と環境から情報を引き出し, しなやかに自己改造していく装置だった」と述べ, もはや,「氏か育ちか」ではなく「育ちから氏へ」と謳っている. 進化的な観点から見れば, 長い時間をかけて獲得した資質が, 個体発生の時点で既にある能力とみなされるのは自然であり, 計算論的立場からは, 無限の計算能力と莫大な記憶容量を仮定すれば, 両者の違いに大差はないように思える. ただし, 一個体や一体のロボットにとって, 何を前提条件として, どのような環境構造が, 言語の何を獲得するのかに依存して, さまざまなバリエーションが考えられる.

　以下では, 語彙獲得における感覚や運動情報の有用性を示す計算モデルを二つ紹介する. その後に, 模倣と語彙獲得の共発達モデル, および統語発達の言語ユニバーサルな隠れマルコフモデルを紹介する.

12.1　顕著性に基づくロボットの能動的語彙獲得

　言語学習や発達過程において, 人間の幼児が受動的に得られる情報のみで言葉を学習しているとは考えにくく, 近年, 学習者の能動的な性質を考慮した研究も行われている. He et al. [217] は知識の獲得に対してロボット側にも積極性を持たせて, すなわち, 提示された複数の物体から全体の既知度の増分が最大となる

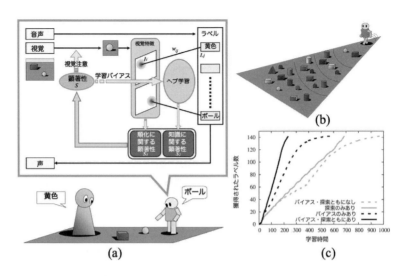

図 12.1: システム構成図 (a) と実験結果：漸次的に探索範囲が広がる環境でのシミュレーション (b,c)

物体をロボットが選択し，人間に情報を要求することで語彙学習の効率を高めている．一般的に，乳児は新奇な事象に対して興味を持ち，既知の事象よりも長く注視することが様々な実験によって示されている．このような能動的な選好性は，新奇な事象についての情報をより多く集めようとしていると考えることができ，語彙の獲得にも役立っていると考えられる．

　そこで，Ogino *et al.* [218] は，ロボットが自身が取得した感覚情報の顕著性に基づき，積極的に注視する対象を探索，選択し，さらに顕著性をバイアスとして学習していくことで語彙を効率よく獲得していくシステムを提案している．図 12.1 (a) にシステム概要図を示す．学習は以下のように行われる：

1. 視野内から顕著性の高い特徴をもつ対象物を選択し注視．そのような対象物がない場合には周囲を探索．

2. 対象を指差し，養育者に教示を求め，知っているラベルを発話して知識を養育者に伝達（観測している特徴量にマッピングされているラベルを発話するため，発話は正しいとは限らない）．

3. 養育者から教示されたラベルと対象物の特徴量の対応関係をヘブ学習する. この際に顕著性によるバイアスをかける.

4. 顕著性が低下するまで注視し, 低下したら, 次の対象物を探索.

ヘブ学習の際の顕著性によるバイアス (bias) と注視対象の能動的選択および探索 (search) の有無によるパフォーマンスをシミュレーションにより比較した. 図12.1(b,c) に結果を示す. (b) は漸次探索範囲が広がる実験環境で, (c) が学習結果である. 学習時間は, ヘブ学習を行う 1 サイクルを 1 ステップとした場合のステップ数を表す. 全ラベル数は 140 で, 最も速く到達したのは, バイアス・探索ともにある場合で, ともにない場合の 4 倍程度の速度である. 探索のみよりもバイアスのみのほうがより速く到達しているのは, 顕著性バイアスの効果が大きいことを示している.

また実環境下での語彙獲得を考えると, 見る方向によって物体の形状が異なって見えるため, 正しくラベル付けができないという問題が起こる. そこで人間の視覚野をモデル化した特徴抽出器(色や形のデータから自己組織化マップ)をロボットが学習によって獲得し, 視点によらないロバストな物体認識システムによる語彙獲得実験も行っている.

12.2 対象物体向けの行動学習に基づく語彙獲得

前節では, 実ロボットの実験でロボットの行動による語彙獲得の加速が可能になったが, 対象に対する行動学習と同時に語彙を獲得する手法を Takamuku *et al.* [219] が提案している. 図 12.2 (a) に全体構成図を示す. 基本的なアイデアは, カメラからの物体の映像に対して, ロボットの行動を制御するための位置や角度などの状態変数によって範疇化される視覚特徴と養育者から与えられる物体に対するラベルによって範疇化される視覚特徴をヘブ学習によって対応付けることで, 語彙が行動をベースとして獲得される.

まず最初に物体と相互作用し, ころがすための複数モジュール強化学習が適用される. 制御に必要な画像からの状態変数を用いて, 行動が強化学習される. 結果として対象物体ごとに異なるモジュールが割り当てられた. 次に教示者がラベル情報を与え, そのラベルに対応する画像特徴を自己組織化し, それらの間で結

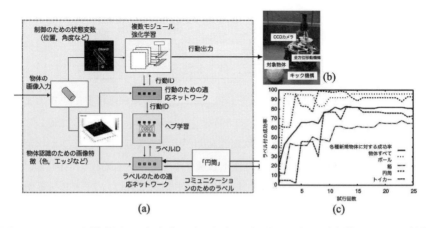

図 12.2: システム構成図 (a) と実験に用いた実ロボット (b) および未学習の四つの対象物体に対する各学習モジュールのラベリング成功率 (c)

合のためのヘブ学習を実施する．強化学習とラベルからの自己組織化特徴のヘブ学習を同時に行わないのは，学習当初の大きな誤差による影響を避けるためである．このようにして学習したシステムに対し，新規の物体との相互作用を何度も繰り返してオンライン学習した結果を図 12.2 右に示す．(b) は，実験に用いた全方位移動可能でキック機構を備えた移動ロボットで，(c) に 4 種の新規物体を対象とした際の各学習モジュールのラベリング成功率を示す．

12.3　複数モダリティを利用した言語獲得

　養育者と学習者との相互作用において，複数のモダリティの情報が学習者の言語学習に影響を与えることを工学的にモデル化した研究がある [220, 221]．Yoshikawa *et al.* [222] は相互排他性原理に基づく共同注意学習と語彙マッピングを同時に行うことで，学習者があらかじめ視線追従能力を与えられていなくても，複数の物体が存在する状況から効率的に語彙学習が可能であることを示した．Sasamoto *et al.*[223] は模倣と語彙の共発達を，乳児自身の発話，養育者の発話，および注目物体の三つの表象の相互マッピングの学習過程としてモデル化し，それぞれのマッピングを，マッピング同士の主観的コンシステンシーに基づいて選択的に利用す

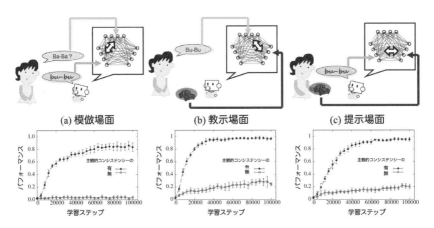

図 12.3: 模倣，教示，提示の各場面で主観的コンシステンシーの有無によるパフォーマンス

ることで相補的に学習される手法を提案した．実環境での親の模倣率 5%，ラベル付け 35%でのシミュレーション結果を図 12.3 に示す．模倣，教示，提示の各場面で主観的コンシステンシーの有無によるパフォーマンスが明らかである．

12.4 日本語，英語，中国語の言語構造を反映した幼児の統語範疇の獲得

　子供は，母国語の構造を反映する構文カテゴリを獲得するが，言語や年齢により，その能力は異なる．例えば，5 歳の子供は，文の中の新しい単語の構文カテゴリを推定し，3 歳の子供よりも簡単に知覚対象にマッピング可能である．このような幼児の統語範疇の獲得の発達過程は，どのようなメカニズムによって説明可能であろうか？

　幼児の統語発達を調査する一つの方法として，統語的な手がかりにより新奇語の統語範疇を推定し，その語を正しく対象（動作や物体など）に結びつけられるかどうかを試す，名詞・動詞般用課題がある．Imai *et al.* [224] は日本語，英語，または中国語を母語とする幼児（3 歳，5 歳）に対し，この課題を実施した．その結果，3 歳児は母語にかかわらず名詞般用可能だが，動詞般用に失敗すること

が分かった．そして，5 歳になると母語に依存した動詞般用を示すことが明らか
となった．日本語は接尾辞で動詞と名詞の区別が可能であるため，日本語児は項
を省略しても動詞を般用できる．その一方で，英語もしくは中国語を母語とする
幼児は項省略条件で動詞般用ができない．英語は項の省略が少ないこと，中国語
では項を省略すると名詞と動詞の区別がつかないことが原因とされている．した
がって，3 歳から 5 歳にかけて母語の言語構造を反映した語の統語範疇が獲得さ
れていくと考えられる．しかし，観察実験からその統語発達の背後にある統語範
疇構造の詳細を記述することは困難である．

　計算モデルとして，RNN を用いた手法 [225] もあるが，日本語のように語の
省略や語順の変化のある複雑な言語構造を単純な RNN が学習することは困難な
ので，このモデルは Imai *et al.* の示した母語に依存した統語発達を再現するには
至っていない．そこで，Kawai *et al.* [226] は，新しい単語で示されたターゲット
の推論における子供の構文発達とその言語依存性を説明する計算モデルを提案し
た．このモデルでは，ベイジアン隠れマルコフモデルによって新規単語の構文カ
テゴリ（隠れ状態）を推定し，カテゴリに基づいてターゲットを選択する．ここ
で，隠れ状態の数の増加は，構文の発展を表し，隠れ状態の数が少ないと，構文
カテゴリの推定が不明確になる．十分な数の隠された状態を持つモデルは，差別
化されたカテゴリをほぼ正しく獲得する．モデルは，日本語，英語，中国語を学
習し，3 歳から 5 歳までの子供たちによって推測された目標の結果を再現した．解
析の結果，このモデルは統語を確率的に表現するため，語の省略や語順の入れ替
えのように入力データの規則が複雑であっても学習できることが示された．

　図 12.4 は統語発達を表しているが，これを用いて視覚刺激から単語列を生成す
るグラフィカルモデルを説明する．下部のベイジアン隠れマルコフモデルは語列
w を入力され，統語情報をもとに各語の隠れ状態 s を統語範疇として推定する．
そして，s は事物範疇 c（物体や動作といった抽象的な離散感覚空間）と，さらに
c は指示対象 o（図では表されていない）と確率的に対応付けられている．

　図 12.5 に未知語の指示対象の推定実験結果を示す．それぞれの言語で，新奇語
を動作と推定した割合を棒グラフで示す．名詞条件ではチャンスレベル 0.5 に対し
て値が有意に小さく，動詞条件では値が有意に大きいと正しい般用といえる．ま
た，参考のため Imai *et al.* [224] の実験結果を点で描き加えた．これらの図より，
提案モデルは Imai *et al.* の結果をよく再現していることが分かる．英語，中国語

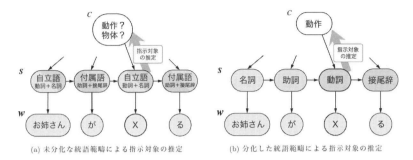

(a) 未分化な統語範疇による指示対象の推定 (b) 分化した統語範疇による指示対象の推定

図 12.4: 統語範疇の精緻化による統語発達

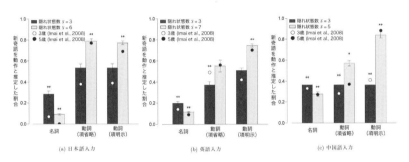

(a) 日本語入力 (b) 英語入力 (c) 中国語入力

図 12.5: 未知語の指示対象の推定実験結果

では言語に依存した傾向が見られ，結果に言語による差があるものの，彼らの提案モデルは，言語に依存しない普遍性を有する．現状のモデルは状態数を設計者が与えて学習した結果を示しており，発達モデルとは言い難い．状態数自体を発達的，自己組織化的に変えていくモデルを検討する必要があるだろう．

12.5 本章のまとめ

本章では，語彙獲得に関連する関連研究を紹介した．まとめると以下である：

1. 顕著性に基づいて注意を学習の効率化につなげた語彙獲得手法の計算モデルを紹介した．

2. 対象物への行動（アフォーダンス）の強化学習を通じて，新規の物体の語彙

獲得に利用した手法を紹介した.

3. 模倣と語彙の共発達を，乳児自身の発話，養育者の発話，および注目物体の三つの表象の相互マッピングの学習過程としてモデル化し，それぞれのマッピングを，マッピング同士の主観的コンシステンシーに基づいて選択的に利用することで相補的に語彙を獲得できた.

4. ベイジアン隠れマルコフモデル (hidden Markov model; HMM) (BHMM) を語の統語範疇推定器として用い，このモデルの隠れ状態数を増加させることで統語発達を表現し，日本語，英語，中国語と三つの言語に特徴的な発達が，一つの計算モデルで再現され，心理学の知見に合致する結果を得た.

本章では，身体性や社会性がキーとなる手法を示したが，まだまだスケールアップできていない．よりリアルな環境からの多種多様な情報を能動的に扱う過程を通じた記号創発が期待される.

学生さんや若手研究者へのメッセージ (11)：英語の壁

　日本人の場合，英語能力に関してよく言われるのが，文法にこだわり過ぎて，会話がろくにできないことである．米国は移民の国で，英語を第二言語とする人たちのために英語を教える教室が開かれており，そこでも日本人は圧倒的に会話ができない．他の国の人は，読み書きはできないけれど喋っている．この違いをどうするかだ．英語能力の指標として，文法テストのスコアを米国に移住したときの年齢で示すグラフを見ると，7歳まではネイティブとほぼ同じだが，そこから年齢が増すごとにほぼ線形に落ちていく [150]．このことは，7歳までなら，習うより慣れろで，メッセージ (3) で伝えたように身体で憶えることに相当するが，それ以降は頭で憶えようとしているようだ．ロボカップジュニアでは，子供たちに英語でのプレゼンを義務付けている．そこでは，日本人の小学生が片言の英語で自分が作ったロボットの説明をしている．文法的にも発音もいまいちだが，伝わってくるのは，必死に自分のロボットを説明しようとする気持ちである．つまり，英語をうまく喋ろうということではなく，コミュニケーションしたいという気持ちの現れが大切だ．何を隠そう，著者とて，最初は典型的な日本人的対応で，会話が苦手であった．しかしながら，自分の研究を伝えたいと強く思うことで，言

語の壁が薄くなり，そこからポジティブ・フィードバック効果でより積極的にコミュニケーションを取るようになった．メッセージ (8) で伝えたように，「英語が出来ない」と思うことが，できなくしているのだ．

12.6 コラム 14：言語進化の巨人，テレンス・ディーコン (Terrence W. Deacon)

　言語に関する書籍は数多あるが，著者が最も影響をうけた書籍の一つがテレンス・ディーコンの『ヒトはいかにして人となったか – 言語と脳の共進化 –』[123, 124] である．言語の起源に関しては，百家争鳴状態であるが，主に生得派と環境からの学習・発達派に分かれる．そのどちらでもない，脳と言語の共進化過程を多様な観点から紐解いた書である．ロボット屋にとって，言語は遠い存在ではなく，身体に準拠したシンボル過程の産物として捉えたいが，その基盤として，個体発生レベルで環境因子がどのように絡むかについての示唆が多く含まれていた．実は，この本を知ったきっかけは，朝日新聞の書評で，現在総合研究大学院大学の長谷川眞理子学長が紹介されていたことである．長谷川さんは，進化生物学の権威であり，多分，最初にお会いしたのは，1990 年代後半の JST の異分野研究者交流フォーラムであったと記憶する．長谷川寿一東大名誉教授と一緒にご夫妻で参加されていた．この書評を契機にしたか定かではないが，著者がオーガナイザーを務めた 2000 年度 JST 異分野交流ワークショップ：「ヒューマノイド・サイエンス」で実行委員になっていただき，ディーコン氏の招待講演の依頼もお願いした．たしか，九州で開催したワークショップで，講演後，こまごまと質問や議論をしたことを覚えている．当時は，著作 *Incomplete Nature: How Mind Emerged from Matter*"[227] の出版を終えていたか，間近だったので，そこに議論が集中したが，いずれにしても博学で，尊敬する人物の一人である．

第13章 自己認知・身体表象と社会脳解析

これまでの章では，主に計算モデルを立て，その検証を主眼とする構成的手法を見てきたが，もう一つの側面として，既存の科学に対して，ロボットなどの人工物を道具として利用し，解析結果から新たな知見の獲得を目指すケース，さらには認知発達ロボティクスにおける基本課題そのものを神経科学の分野に持ち込み，その解析結果から構成的モデル構築を目指す場合などが考えられる．本章では，まず最初に後者のケースとして，自己の概念発達過程として，自己顔の認知と身体知覚の発達に関するイメージング研究 (fMRI)，そして次に複数の異なるロボットなどの人工物との社会的相互作用がもたらす人間の心のあり方のイメージング研究例を示す．

13.1 自己顔認知と身体認知の発達過程

人間の脳は，機能的にも構造的にも，誕生から 20 年ほどかけて，様々な経験による多様な影響を受けて発達すると言われている [228]．構造的には，例えば，体積，厚さ，シナプス密度に関して白質は逆 U 字型に発達し，灰白色は，線形に増加すると言われている．機能的には，fMRI などにより脳の活動領域は年齢とともに変化している知見が得られている．以下では，自己顔認知と身体認知発達の例を見てみよう．

Morita *et al.* [229] は，自己顔認知実験で図 13.1 (a) に示す自己顔と他者顔の写真系列を fMRI スキャナー内で被験者に提示し，自己顔と判断するまでの時間を計測した．成人の結果は図 13.1 (d) に示すように，判断時に活動している部位として，右半球優位の結果が示された．右半球優位の結果は従来からも言われていたが，なぜこのような結果になるのかについては不明である．そこで，Morita

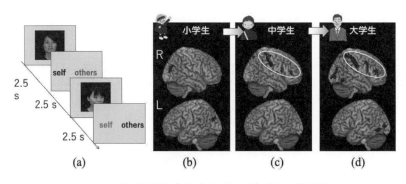

図 13.1: 自己顔認知実験時の呈示画像系列と実験結果

et al. は，これがどのような発達経過からくるのか（最初から大人も子供も同じかも含めて）を調べた．被験者は小学生 20 人（8 歳から 11 歳の 10 人ずつの男女子で平均 9.6 歳），中学生 20 人（12 歳から 15 歳の 10 人ずつの男女子で平均 13.4 歳），大学生 20 人（18 歳から 23 歳の 10 人ずつの男女子で平均 20.8 歳）で，多少のばらつきの差はあるものの，三つのグループの行動レベルでの差異はほとんどなかった．にもかかわらず，脳の活動部位は異なった．結果を図 13.1 (b,c,d) に示す．小学生 (b) から中学生 (c)，大学生 (d) に至るまでに徐々に右半球に移行している様子が伺える．このことは，行動レベルのパフォーマンスは同じでも，異なる脳部位で判断しており，小学生は視覚により依存し，大学生は視覚以外も含めたマルチモーダルな情報を利用して判断していると考えられる．

　身体の姿勢，とくに関節の角度などの内受容感覚の錯覚はよく知られている現象である．視覚遮断時に手首に振動刺激を与えると，実際の動きや運動意図やその努力感覚がないにもかかわらず，関節が屈曲したと錯覚する．Naito *et al.* [230] が，これを fMRI スキャナーの中で実施した．被験者は自己顔認知実験と全く同じである．図 13.2 (a) の上に刺激呈示の様子を，下に実験結果を示す．錯覚量は，年齢にかかわらず，その差がほとんどない．しかしながら，脳活動を比べると図 13.2 (b,c,d) に示すように，右半球への移行は自己顔認知に比べると緩やかで，左半球では，図では見えにくいが中学生で抑制が大きく，発達でよく見られる U 字型の傾向を示す．原因は不明である．

　図 13.1 と図 13.2 の (b,c,d) を比較すると共通領域がある．下前頭–頭頂連合ネッ

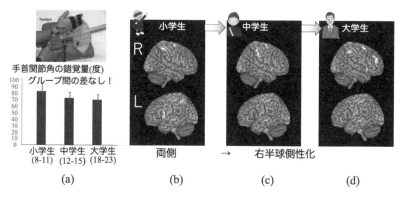

図 13.2: 手首関節角の錯覚量 (a) と手首関節角の錯覚時の脳活動領域の変化 (b,c,d)

トワークが中学生の頃から創発している様子が伺える. 身体的な気づきに関する
このネットワークは, おそらく, マルチモダルな自己の気づきの神経基盤と考え
られる. このように, 自己の身体的気づきが視覚的な自己認知に関わっており, そ
れが最初からではなく, 中学生頃の発達時期に現れることの意味は, 脳自体の機
能分化はかなりスローテンポで多様な経験を通じて発達していることを示してい
る. 認知発達するロボット自身も同程度の時間スケールで機能分化を引き起こす
神経ネットワーク基盤のアーキテクチャが必要だと考えられる.

13.2 多様なエージェントとの相互作用がもたらす異なる社会性脳の解析

認知発達ロボティクスのもう一つの側面は, 人間の発達過程の新たな理解のた
めの手段やデータを提供することである. ロボットは, 心理実験などにおいて, 再
生可能でバイアスがかからないシステマティックな刺激や道具として利用可能で
ある.

Takahashi et al. [231] は, 異なるエージェントとの社会的相互作用が, 心的能力
の印象にいかに影響を与えるかを調べた. 彼らは, 人間, アンドロイド (Actoroid
F), メカ的ヒューマノイド (infanoid), ペットのようなロボット (Keepon), そし
てコンピュータの 5 種類のエージェントを用意し, まず最初に印象をアンケート

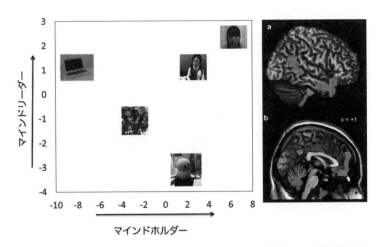

図 13.3: 5 種類の相手の 2 次元配置と fMRI 計測の結果：横軸および横線領域はマイン
ドホルダー，縦軸および縦線領域はマインドリーダーに対応

により尋ねた．次に，fMRI スキャナーの中で，硬貨合わせゲームを被験者にさせ
た．アンケートの主成分分析の結果，第一，三主成分が心的機能評（マインドホル
ダー）とエントロピー（高い値がゲーム戦略の複雑さを表す．マインドリーダー）
と対応した．図 13.3 左は，5 種類のエージェントの 2 次元配置を示しており，横
軸および縦軸は，それぞれマインドホルダー軸，マインドリーダー軸を表してい
る．それぞれの相手に対する主成分の評価値は，被験者全員の平均を表している．
人間，アンドロイド，ヒューマノイドは，マインドホルダーとマインドリーダー
の正の相関を持っているが，Keepon（コンピュータ）は，負の相関で，高い（低
い）マインドホルダー性でかつ低い（高い）マインドリーダー性を示した．

　これらの二つの社会的印象の側面が，二つの異なる脳内ネットワークの活動と
対応していることを fMRI 計測結果は示した．マインドホルダー（横線領域）は，
背側–内側帯状回路を，マインドリーダー（縦線領域）は，前腹側 TPJ（側頭頭
頂接合部）と側頭極をそれぞれ賦活している（図 13.3 (a,b)）．格子領域は共通領
域を表す．マインドホルダーやマインドリーダーなどのエージェントとの社会的
相互作用は，社会脳の脳内表象を明瞭に形作り，意志決定に役立てている．マイ
ンドホルダー性とマインドリーダー性は，共感の情動的/認知的側面に部分的に対
応するかもしれない．これらは，発達の観点からは当初未分化であり，徐々に分

化していくと考えられる．これは 6.3 節で紹介したサブネットワーク構造の機能分化として発現させたいが，その際の社会的環境の要件などを明らかにしなければならない．

13.3　本章のまとめ

本章では，神経科学の一分野であるイメージング研究から，認知発達ロボティクスの基本課題やロボットなどの社会的エージェントの心象に関する課題を紹介した．まとめると以下である：

1. 小学生，中学生，大学生の 3 世代を対象としてスキャンし，行動レベルにあまり差がないのに対し，脳の活動部位に差があり，スローレベルの機能分化が進展している．

   - 自己顔認知では，3 世代順に徐々に右半球に活動部位が移動している．
   - 身体認知では，右半球への移行は自己顔認知に比べると緩やかで，左半球では中学生で抑制が大きく，発達でよく見られる U 字型の傾向を示す．

2. 5 種類のエージェントとの社会的相互作用の結果，アンケートの主成分分析から抽出された心的機能評（マインドホルダー）と認知的機能（マインドリーダー）に分かれ，それらに相当する脳の活動部位が観察された．

本章で扱ったイメージング研究は最先端技術に支えられ，どんどん新規の結果がでてくるが，これらから計算モデルをどのように立てるかは喫緊の課題である．

学生さんや若手研究者へのメッセージ (12)：努力は決して裏切らない！

　座右の銘の代表の一つだが，シンプルに謳いたい．「努力は決して裏切らない」と！ 著者は二つの異なる側面で自身に言い聞かせている．一つは，努力を続けることが自身にとって快となるように持っていきたい．いつも攻めの気持ちで，自分を追い込むことを楽しみ，結果をどのようにも受け入れるタフな精神を育てる意味でだ．これは，これまで伝えてきたメッセージと共通する．もう一つは，学

生さんや若手研究者の研究成果が上がらないと,「努力が足りんぞ!」と叱咤激励するが,実は自分自身に投げかけることが多い.まさしく,自分を追い込まないといけない状況に追い込むためにである.

13.4　コラム15:潜在脳科学の達人:カルテックの下條信輔教授

カリフォルニア工科大学の下條信輔教授 (知覚心理学) は,さまざまなアプローチを駆使して,人間の知覚の不思議さを解き明かす名人である.JST ERATO の潜在脳プロジェクト[1] に代表されるように,無意識下で作動するプロセス,よって当然意識されないがゆえに,意識はつじつま合せをする.そのあがきをうまく見せてくれる.代表格はカスケード効果で,顔写真2枚をランダムに見せて,どちらが好きかを被験者に判断させるテストを何回も繰り返し,被験者の判断に一見,統一性がないことを発見する.何が被験者の判断を説明できるかを探り,偶然,少しでも長く観たほうを好きと判断することを突き止めた.当然,被験者はそんなことは知らないので,いい加減なつじつま合せをする.まさしく,潜在下の脳の働きの仕業である.後付という意味で,prediction との対比から postdiction と呼んでいる.下條さんに言わせると,ほとんどの人の行動の説明が後付で,明示的な根拠のないものが多いという.後付の典型は経済学者だろうか?

さて,著者との付き合いは,東大多賀教授が仲立ちしたかたちだ.下條さんがトークショーとアートパフォーマンスのステージを組み合わせたルネッサンスジェネレーションというイベントの企画・立案・メインオーガナイザーを務めていて,1999 年9月25日に恵比寿ガーデンホールで開催された「心の理論」ルネッサンスジェネレーション '99 のときである.ロボット屋を探していたらしく,下條さんのところに滞在していた多賀さんが推薦してくれた.著者はいつものごとくロボットのココロの話で,トークタイトルは「ロボットの『心』は設計できるか」であった.以降,機会あるごとに著者がカルテックを訪問したり,阪大でのシンポジウムの招待講演をしていただいたり,また,学内の国際共同研究プロジェクトに参画してもらい,うちのスタッフも含めて,交流が続いている.

---

[1]https://www.jst.go.jp/erato/research_area/completed/sib_PJ.html

カルテック訪問時は，話し出すとエンドレスで研究の話から政治，経済，アートなど尽きない．いずれのトピックも下條シェフにかかると，そんな解釈があったのかと驚かされること多々である．その背景にあるのは，強い好奇心と行動力である．研究者にとっての必須項目であるが，下條さんの場合は，尋常ではないのだ．逆さ眼鏡も自身で経験され，かなり身の危険を味わわされたとこぼしていた．朝日新聞の論座（旧 WEBRONZA）の常連投稿者でもある．

13.5　コラム 16：夢を育む SF 作家，そしてサイエンスジェネラリスト瀬名秀明氏

SF 作家の瀬名秀明さんとの付き合いは古く，かれこれ 20 年にはなるだろう．ブルーバックス『知能の謎』[69] に書かれているように，小説の取材で東大國吉さんのところを訪問した際，この本のベースとなっているけいはんなの研究会に来ていただいてからだと思う．以来，事あるごとに取材を受けたり，こちらから講演やパネリストをお願いしたりと交流が途絶えなかった．『日経サイエンス』の瀬名秀明対談シリーズ「科学の最前線で研究者は何を見ているのか」(2002 年の 11 月号から連載) の 5 回目なので，2002 年の年末か 2003 年の年始に阪大を訪問していただいたかと思う．タイトルは「ロボットが人間を超える日」[232] となっているが，中身は当時のロボカップの活動を中心にお話させて頂いた．2002 年の福岡ドームでのロボカップを終えて，その成果から，将来の行く末を語り合った．

本書でも何度も出てきている，けいはんなのロボット研究会の活動は，瀬名さんに加わっていただいてからも，多彩なゲスト陣を迎え，活発に行ってきた．ここでの議論が小説のネタになったりして，財産と称していただいたが，我々研究者も同じで，研究のみならず，人生の教訓も踏まえて貴重な財産であった．阪大石黒さんが何らかの形で書籍化したい，については，瀬名さんに編集していただくことでブルーバックスとして刊行できるのではと相談を持ちかけられ，早速，瀬名さんに編集作業に入っていただいた．瀬名さんのアイデアだったと思うが，各人の章をそのまま羅列しても，読み解くのが大変なので，討論を挟むことにした．これは，最も若手のメンバーであった当時奈良先端大の柴田智広さん（現，九工大教授）に司会役をお願いし，当然のことながら，討論時にメンバーから総攻撃

をうけ，ご苦労をおかけしてしまった．また，瀬名さん，石黒さん，國吉さん，著者でガイド役の二つの章を担当した．最初は，「見えない『賢さ』をロボットで探る」[233] の序論で，この本のトップを飾って，知能のあり方から哲学までをまとめていただいた．二つ目は，「子ども部屋の扉を開けて外へ—世界の認識」[234] で，認知発達ロボティクスへの導きの章であった．浅田自身の章として「意味を取り出すためのハード—身体」[235] を担当した．刊行当時の研究会正式名称は，「けいはんな社会的知能発生学研究会」で知能発生における社会的相互作用の重要性を名前に表した．確か，中島秀之さんのアイデアかと思う．蛇足だが，この『知能の謎』の表紙も含めて，各章の最初のページのイラストがすごく示唆的で秀逸である．残念ながら，どなたの作か知らないのだが，かなり中身を理解したうえで表現されており，執筆者間で感心していたものである．

2006 年に國吉さんとの共著で，岩波講座ロボット学 4『ロボットインテリジェンス』[47] を出版した．おおよそ 3 年間を費やした大作で，著者らはある程度の満足感を得たが，やはり難しいとの批判が多かった．ただ，NHK 教育 TV の番組『知るを楽しむ この人この世界』から依頼があり，『ロボット未来世紀』を 2008 年 11 月に発刊し，12 月から 5 回か 6 回の放送収録を行った．この番組は大変良くできていて，番組ディレクターが徹底して勉強してきて，かなり議論しながら，番組を作っていった感がある．これに触発された NHK ブックスの編集者から，書籍執筆の依頼があり，『ロボットインテリジェンス』の平易版として『ロボットという思想』[66] を出版した．この書評を執筆くださった（『日経サイエンス』2010 年 10 月号書評）のが瀬名さんである．タイトルが格好良く「工学者のセンスと想像力の靭き可能性を示した一冊」である．その中で「本書でもっとも輝いているのは映画『2001 年宇宙の旅』に登場する人工知能 HAL9000 を考察するくだりだ……」とあり，「ですます調」で自分では締まりがない感じがしていたのだが，この部分だけはきちんと書けたという自負があったので，そこを当てられると感服した．

これが契機か分からないが，『日経サイエンス』編集部の菊池邦子さんから，ロボットの特集を組みたいと，お願いされ，別冊『日経サイエンス』179「ロボットイノベーションとして，「ロボットサイエンスが導く「動き・かたち」と「思考」の新たな科学」を編集した [67]．その際，瀬名さんとの対談「社会環境のなかで育てられるロボットの能力—震災から見えた日本のロボティクスが抱える課題—」

を収めている．瀬名さん自身が仙台在住で，震災経験によるさまざまな思いが随所に盛り込まれている．

著者は 2019 年 3 月から日本ロボット学会会長を拝命したが，学会改革の一環として，人文社会系の取り込み，学会誌や HP の改革などを進めてきた．著者のラボのスタッフ河合祐司特任講師（現在，特任准教授）がゲストエディターを務めて，2020 年 1 月 15 日に『日本ロボット学会誌』「ヒトとロボットの共生社会のための哲学・心理学・法学」特集が発行された．その際，ゲストエディターの強い思いがあり，瀬名さんに短編小説を依頼した．未来のロボット倫理を描いた短編小説『鼓動』[236] である．ロボット研究者が反省すべき点やトリックも盛り込まれており，労作かつ秀作である．ネタバレするので，ここらあたりでとどめておく．横書きの学会誌なので，当初，横書きを承諾していただいていたが，学会長のわがままで，学会誌初の縦書きにしてもらい，裏から始まるユニークな形態であった．

最後に逸話をひとつ．パーティーの席でワインボトルからワインを注ぐときには，ラベルを必ず上向にすると言われ，その理由が納得のいくものであった．瀬名さんは薬学部出身で，最初に教わったのが試薬瓶から試薬を注ぐとき，ラベルが下向きだと薬品によってはラベルが読めなくなることがあるからだとのこと．貴重なコメントであった．

第14章 エピローグ：ニューロモルフィックダイナミクスへの旅立ち

さて，本書を締めくくるにあたり，著者の研究生活の総括をしないといけないところなのだが，なかなかできそうにない．理由は至極簡単で，認知発達ロボティクスの自分として満足のいく大きな成果がまだ出ていないからである．言い訳としては，深遠な問題設定なので，そんなに簡単に成果が出るものではなく，また，部分的に成果が出たとしても，すぐに終わるものではなく，継続発展し続けることだとしておこう．

14.1 総括として

ここで，著者が歩んできた人工知能，ロボティクス研究における主要な成果と今後の課題を以下に整理しておこう：

1. 神経科学，発達心理学，認知科学，社会学など多様な分野を巻き込み，構成的手法を用いて，人間の認知発達過程の新たな理解を目指すとともに未来共生社会におけるロボット・AI の設計論に反映することを目的とする認知発達ロボティクスを提唱・推進してきた．

2. 二つのキーワードである身体性と社会的相互作用を発達の順番として，当初個別に扱ってきたが，ミラーニューロンの発達が要となり，相互依存でシームレスに扱えることが分かった．

3. 共同注意，音声発達，初期言語獲得など異なる発達の側面について，身体

性と社会的相互作用を基に計算モデルを構築し，検証することで，既存の知見を構成的に支援できた．

4. 人間の認知発達のミステリーを解く道具としてのロボットの効用があり，モデリングアプローチとの部分的融合が始まりつつある．

5. 社会実装を考慮した諸課題（倫理，道徳，法制度）について検討が開始できた．これは，哲学，法学などの研究者たちが参入してきたことを表している．

片や

- 発達と称しながら，その流れの断面を複数切り取って並べているだけで，発達原理そのものへのアプローチ，例えば予測符号化原理の適用などもあるが，まだまだ不足している．

- 特に，時間の概念や言語獲得に関する研究成果が不足している．

- 上記も絡んで，既存分野へのフィードバックが十分ではない．我々の能力不足もあるが，価値観のパラダイム・シフトをうまくプロモーションできていない．

などの反省がある．これからも頑張っていくしかない．

14.2　ニューロモルフィックダイナミクス

さて，第 2 章では，著者の卒論を紹介した．もう 40 年以上も前の話である．今では道具は変わったが，追究すべき課題は続いていると信じたい．一般論として，ミステリーが尽きないテーマは，宇宙と生物と言われている．問題が解き明かされた端から，次から次へと課題が出てくるからだ．ロボティクスも同じように，永遠のテーマであると考えたい．次から次へと新たな課題にチャレンジし続ける分野として進化し続けることが，社会への貢献であると同時に，結果として若い世代に大きな夢を授ける超域 (tsansdisciple) になると信じたい．

ということで，ここでは，現在進行中の研究プロジェクトの中から，ニューロモルフィックダイナミクスを紹介する．正式名称は，NEDO 高効率・高速処理を

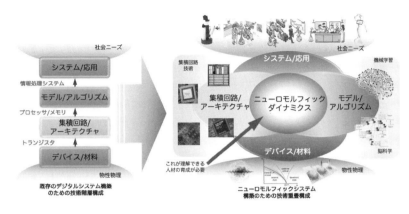

図 14.1: 従来型の個別ゴール設定（左）から，関連領域を統合した超域として「ニューロモルフィックダイナミクス」領域の構築（右）

可能にする AI チップ・次世代コンピューティングの技術開発「未来共生社会にむけたニューロモルフィックダイナミクスのポテンシャルの解明」（2018 年 10 月～2023 年 3 月，研究代表者: 浅田稔）である [1].

　著者が創設者の一人であるロボカップでは表向きの運動スキルやゲーム戦略の AI がメインテーマで詳細は別書に譲るが，ワールドカップで優勝するためには，45 分ハーフ駆動可能なバッテリーや相手を傷つけない柔らかい皮膚，そして高効率チップ・デバイスが必須だ．特に後者の二つの課題に関連しているのが，ニューロモルフィックダイナミクスである．最も困難な問題は，情報処理システム開発の各階層で個別のゴールが設定され，それに閉じた形で技術開発されてきたという体制にある（図 14.1 左）．そのため，デバイス開発からシステム応用に至る一貫した課題とプロセスが共有されず，これらを有機的に結びつけるコンピューティング方式とハードウェア方式が定まっていなかった．この課題を解決するための基本理念としてニューロモルフィズムを提案し，ニューロモルフィックダイナミクスを実現しようとしている．これに基づき，関連領域を統合した超域として「ニューロモルフィックダイナミクス」領域を構築中である（図 14.1 右）．さらに，ニューロモルフィズムの具現により，日本独自のものづくりを活かしたニューロモルフィックコンピューティング基盤技術の構築を可能にする課題を探索することを目的と

---

[1]http://www.ams.eng.osaka-u.ac.jp/nedo-nmd/

している．その際，アナログデバイスでの実装を想定しつつも，デジタルデバイスの利用も考慮し，これらに見合うロボット身体（ソフトロボティクス）も視野に入れる．また，社会的にアピールするために，ロボカップ競技会の日常生活応用のロボカップ＠ホームを実証実験場として利用する．詳細は，AI 白書 [6] からのコラムで「ニューロモルフィックダイナミクス」[237] を参照されたい．

学生さんや若手研究者へのメッセージ番外編：明日のジョーの勝因

　ちばてつや作画，高森朝雄（梶原一騎）原作の著名なボクシング漫画『明日のジョー』をご存知だろうか？ この中で著者が一番印象に残っているシーンがある．これまでのメッセージの総集編的な位置づけで，最後のメッセージを送ろう．数ある名場面の一つに，韓国出身のボクサーで，東洋太平洋バンタム級チャンピオンの金竜飛との戦いの過程がある．金竜飛は，朝鮮戦争による食料不足の時代に幼少期を送ったため，胃袋が小さいままで，そのため減量苦もない．ジョーにこう告げる．「お前は，本当の飢餓を知らない．ボクサーの減量などあまっちょろい．そんなあまっちょろい減量で苦しんでるお前が，本当の飢餓を知ってる俺に勝てるわけがない」．このセリフに打ちのめされそうになるが，最後に打ち勝つ精神力を見せる．それは，こうだ．「お前は自分の意思ではなく，強制されて戦争を体験した．おれは違う．おれは自分の意思で減量している．だから，そんなお前にオレが負ける訳にはいかない」．意思の強さの現れである．研究とは，まさしく研ぎ，極める，だが，そこには，自分をあえて追い込む精神力が必要だ．そして，その過程を楽しめるように磨いてもらいたい．

14.3　コラム 17：日本のカオス界の大ボス，中部大学の津田一郎教授

　本書最後のコラムは，元北大教授で現在，中部大学創発学術院の津田一郎教授である．言わずと知れた日本のカオス界の大ボスである．津田さんの偉業をおさらいするつもりはなく，ここでは，名著『心はすべて数学である』に寄せた著者の書評（『シミュレーション』第 35 巻 2 号）を再掲することで，彼の深遠な研究

観を知っていただきたい．同年齢で同じ阪大卒である．著者が卒業した基礎工学部と津田さん卒業の理学部は，駐車場を挟んで隣同士であった．当時，津田さんの存在を知るよしもないのだが，共通の話題は，基礎工と理学部の間にあった東食堂，通称，トン食のコンピュータおばちゃんである．アラカルト方式なので，学生たちが好きなおかずをとって会計するのだが，瞬時に計算して，支払い額を学生に伝える．その学生が財布からお金を出すまでの間にとなりの学生の計算を終えていて，正確には時分割処理だが，マクロにみると並列処理に見える．お金を出そうとしている間に学生が支払う額を忘れると，瞬時に再計算してくれる．ある日，彼女が何かの理由で不在だったとき，会計処理に長蛇の列ができて，彼女のありがたみというか，能力に感服したものである．

書評『心はすべて数学である』

世の中には，中身がなく，それ故，奇を衒ったタイトルだけの書籍が少なくないが，本書はそのように見せかけながら，そのテーマの本質をしっかり伝えている二重の意味での啓蒙書である．数学者でもない評者が言うのも痴がましいが，数学を目指す研究者に数学が持っている深い思考手段の意味を理解してもらい，超一級の道具として，その使い勝手をしっかり認識してもらうという点が一つ．さらに，それをベースに，脳と心の神秘に迫るために，カオス理論を駆使した著者自身の格闘の遍歴を吐露し，後進の研究者や学生達を鼓舞している点が二つ目である．この二つの観点が巧妙に絡み合い，織りなすエピソードは刺激的である．

前者の立場では，数学初心者へのメッセージとして，過去の数学（だけとは限らない）の天才達の様々な閃きや成果を著者の観点から，面白くかつ統一的に説明しており，これまでばらばらだった事例が一筋の光の中で輝きを帯びている．ガウスから始まり，ピタゴラス，そして，岡潔あたりから著者の腕前の見せ所で，カントル，スピノザ，デカルト，エルデッシュと続くのだが，圧巻はゲーデルの「不完全性定理」である．著者の言による「数学の体系は完璧でないこと，すなわち"証明できないことが証明できる"といったことが，著者のカオス・複雑系科学の考えや背景に共通し，さらに心と脳の問題の本質を表している」と主張する．からくりの詳細は，じっくり読者に味わってもらおう．

後者の立場では，著者の『カオス理論』に基づく様々な格闘を基に「心が脳を表現する」持論を展開している．評者らは，約20年前から，ロボットやコンピュー

タシミュレーションなどを駆使して，人間の認知発達過程の新たな理解を得ると同時に，そのことが将来，人間と共生するロボットの設計論に繋がると謳う「認知発達ロボティクス」を提唱し，研究を推進してきた（一部も本書で紹介）．その基本的アイデアは，「身体性」と「社会的相互作用」であり，著者が主張する「心が脳を表現する」と通底する．ひとつは，「心」を完成されたひとつの状態としてみるのではなく，発達段階を含めた，できあがりの過程を追う必要があるという点で，認知発達ロボティクスの主眼と一致する．それは，世界と脳を繋ぐ身体が脳の発達を促しており，開かれた世界は多様な社会的相互作用の構造を持つからである．通常，我々は身体という用語を脳以外に適用しがちだが，脳は社会的環境を含む様々な外界や自身の内界からの情報を集約し，処理するためのハードウェアであること，さらに，その相互作用を通じて，脳自身が脳の機能を動的に創発させている点は，Terrence W. Deacon が説く「脳が脳自身の設計にコミットしている」という主張と同じで，脳という器官の身体性の特徴をよく表している．事実，膨大なイメージング研究のメタ解析を行った Luiz Pessoa の書でも，前部島皮質や前帯状皮質などを始めとする多くの脳領域が複数の機能に多重に利用されていることが明らかになっており，それをベースとして，機能と脳領域（構造）の動的なマッピングモデルを Pessoa が提案している．

　哲学者の河野哲也や Alva Noe は，社会的環境との相互作用の重要性を説き，単一の脳だけでは，心的機能の発生が難しいと主張し，相互作用を主体とした心的機能獲得のメカニズムの必要性を示唆している．そして，その過程や帰結が脳で表現されていると見なせば，津田の主張と一致する．特に，「自己」や「他者」の概念やその時間的発展が「心」の熟成には必要だ．ここで，津田のカオス理論が生きてくる．有限から無限の表象を獲得する過程に本質があり，というよりも，そこにしか活路が見いだせない状況そのものが，評者らが主張する構成的手法の意味合いを表していると感じるからである．記憶メカニズムがカントル集合として表象され，それが生物内に発見され，モデル化される筋道は迫力に満ちている．認知発達ロボティクスとして見習うべきことを示された感がある．

　さらに，三番目の啓蒙書としての意味合いがエピローグに隠されている．そこには，新たな概念構築の重要性，それが及ぼす葛藤と苦悩の過程が科学者・研究者の財産であり，そのことは，分野を超えた原理と新たな分野創出の必要条件でもあることが謳われている．

関連図書

[1] Masahiko Yachida, Minoru Asada, and Saburo Tsuji. Automatic analysis of moving images. *IEEE Trans. on PAMI*, Vol. 3, No. 1, pp. 12–20, 1981.

[2] J. S. Reznick, J. D. Morrow, B. D. Goldman, and J. Snyder. The onset of working memory in infants. infancy. *Infancy*, Vol. 6(1), pp. 145–154, 2004.

[3] 甘利俊一. 『脳・心・人工知能—数理で脳を解き明かす—』. ブルーバックス講談社, 東京, 2016.

[4] 独立行政法人情報処理推進機構 AI 白書編集委員会（編）. AI 白書 2017. KADOKAWA, 2017.

[5] 独立行政法人情報処理推進機構 AI 白書編集委員会（編）. AI 白書 2019. KADOKAWA, 2018.

[6] 独立行政法人情報処理推進機構 AI 白書編集委員会（編）. AI 白書 2020. KADOKAWA, 2020.

[7] Giulio Sandini and Giorgio Metta. Retina-like sensors: Motivations, technology and applications. In G. Friedrich *et al.*, editor, *Sensors and Sensing in Biology and Engineering*, chapter 18, pp. 251–262. Springer, 2003.

[8] Jun Tani. *Exploring Robotic Minds: Actions, Symbols, and Consciousness as Self-Organizing Dynamic Phenomena*. Oxford University Press, 2016.

[9] 稲谷龍彦. 技術の道徳性と刑事法規制. 松尾陽（編）, 『アーキテクチャと法』, 第 4 章, pp. 93–128. 弘文堂, 2017.

[10] 浅田稔. なじみ社会構築にむけて：人工痛覚がもたらす共感，道徳，そして倫理. 『日本ロボット学会誌』, Vol. 37, No. 4, pp. 287–292, May 2019.

[11] 浅田稔. 再考：人とロボットの自律性. 『日本ロボット学会誌』, Vol. 38, No. 1, pp. 7–12, January 2020.

[12] 牧野英二（編）. 『新・カント読本』. 法政大学出版局, 2018.

[13] 稲谷龍彦. ポスト・ヒューマニズムにおける刑事責任 s. 宇佐美誠（編）, 『AI で変わる法と社会：新しい人間の条件』, 第 6 章, pp. 113–136. 岩波書店, 2020.

[14] フッサール（著）, 浜渦辰二（訳）. 『デカルト的省察』. 岩波文庫, 2001.

[15] マルティン・ハイデッガー（著）, 細谷貞雄（訳）. 『存在と時間〈上〉』. ちくま学芸文庫, 1994.

[16] マルティン・ハイデッガー（著）, 細谷貞雄（訳）. 『存在と時間〈下〉』. ちくま学芸文庫, 1994.

[17] M. メルロー＝ポンティ（著）, 竹内芳郎・小木貞孝（訳）. 『知覚の現象学 1』. みすず書房, 1967.

[18] M. メルロー＝ポンティ（著）, 竹内芳郎・木田元・宮本 忠雄（訳）. 『知覚の現象学 2』. みすず書房, 1974.

[19] ブルーノ・ラトゥール（著），川崎 勝・平川秀幸（訳）．『科学論の実在—パンドラの希望』．産業図書, 2007.

[20] ピーター＝ポール フェルベーク（著），鈴木俊洋（訳）．『技術の道徳化: 事物の道徳性を理解し設計する』．法政大学出版局, 2015.

[21] S. Shimojo, C. Simion, E. Shimojo, and C. Scheier. Gaze bias both reflects and influences preference. *Nat Neurosci.*, Vol. 6(12), pp. 1317–1322, 2003.

[22] スタニスラス・ドゥアンヌ（著），高橋 洋（訳）．『意識と脳—思考はいかにコード化されるか』．紀伊國屋書店, 2015.

[23] 河島茂生（編著）．『AI 時代の「自律性」』．勁草書房, 2019.

[24] 河本英夫．『オートポイエーシス』．青土社, 1995.

[25] 西田洋平．生命の自律性と機械の自律性．河島茂生（編），『AI 時代の「自律性」』，第 1章, pp. 45–68. 勁草書房, 2019.

[26] 原島大輔．生きられた意味と価値の自己形成と自律性の偶然．河島茂生（編），『AI 時代の「自律性」』，第 2 章, pp. 69–94. 勁草書房, 2019.

[27] 谷口忠大．ロボットの自律性概念．河島茂生（編），『AI 時代の「自律性」』，第 3 章, pp. 97–130. 勁草書房, 2019.

[28] 椋本輔．擬自律性はいかに生じるか．河島茂生（編），『AI 時代の「自律性」』，第 4 章, pp. 131–165. 勁草書房, 2019.

[29] ドミニク・チェン．他者と依存し合いながら生起する社会的自律性．河島茂生（編），『AI 時代の「自律性」』，第 5 章, pp. 169–184. 勁草書房, 2019.

[30] F. J. Varela, H. R. Maturana, and R. Uribe. Autopoiesis: The organization of living systems, its characterization and a model. *BioSystems*, Vol. 5, pp. 187–196, 1974.

[31] 乾敏郎．『感情とはそもそも何なのか:現代科学で読み解く感情のしくみと障害』．ミネルヴァ書房, 2018.

[32] Ulric Neisser. *The self perceived*, pp. 3–22. Emory Symposia in Cognition. Cambridge University Press, 1994.

[33] Shaun Gallagher. Philosophical conceptions of the self: implications for cognitive science. *Trends in Cognitive Sciences*, Vol. 4, No. 1, pp. 14–21, 2000.

[34] Anil Seth, Keisuke Suzuki, and Hugo Critchley. An interoceptive predictive coding model of conscious presence. *Frontiers in Psychology*, Vol. 2, p. 395, 2012.

[35] P. Haggard. Sense of agency in the human brain. *Nature Reviews Neuroscience*, Vol. 18, pp. 196–207, 2017.

[36] Roberto Legaspi, Zhengqi He, and Taro Toyoizumi. Synthetic agency: sense of agency in artificial intelligence. *Current Opinion in Behavioral Sciences*, Vol. 29, pp. 84 – 90, 2019. SI: 29: Artificial Intelligence (2019).

[37] Minoru Asada, Eiji Uchibe, and Koh Hosoda. Cooperative behavior acquisition for mobile robots in dynamically changing real worlds via vision-based reinforcement learning and development. *Artificial Intelligence*, Vol. 110, pp. 275–292, 1999.

[38] M. Asada. Map building for a mobile robot from sensory data. *IEEE Trans. on System, Man, and Cybernetics*, Vol. SMC-20, pp. 1326–1336, 1990.

[39] 木村敏．『時間と自己』．中公新書, 1982.

[40] 木村敏．『自覚の精神病理』．紀伊国屋書店, 1978.

[41] 浅田稔．身体・脳・心の理解と設計を目指す認知発達ロボティクス．計測と制御, Vol. 48, No. 1, pp. 11–20, Jan 2009.

[42] Minoru Asada, Koh Hosoda, Yasuo Kuniyoshi, Hiroshi Ishiguro, Toshio Inui, Yuichiro Yoshikawa, Masaki Ogino, and Chisato Yoshida. Cognitive developmental robotics: a survey. *IEEE Transactions on Autonomous Mental Development*, Vol. 1, No. 1, pp. 12–34, 2009.

[43] Dale Purves, George A. Augustine, David Fitzpatrick, William C. Hall, Anthony-Samuel LaMantia, James O. McNamara, and Leonard E. White, editors. *Neuroscience, fifth edition*. Sinauer Associates, Inc., 2012.

[44] J. I. P de Vries, G. H. A. Visser, and H. F. R. Prechtl. Fetal motility in the first half of pregnancy. *Clinics in developmental medicine*, Vol. 94, pp. 46–64, 1984.

[45] マット・リドレー（著）, 中村桂子・斉藤隆央（訳）.『やわらかな遺伝子』. 紀伊国屋書店, 2004.

[46] Minoru Asada, Karl F. MacDorman, Hiroshi Ishiguro, and Yasuo Kuniyoshi. Cognitive developmental robotics as a new paradigm for the design of humanoid robots. *Robotics and Autonomous System*, Vol. 37, pp. 185–193, 2001.

[47] 浅田稔, 國吉康夫.『ロボットインテリジェンス』. 岩波書店, 2006.

[48] R. Held and A. Hein. "Movement-produced stimulation in the development of visually guided behaviors". *Journal of Comparative and Physiological Psychology*, Vol. 56:5, pp. 872–876, 1963.

[49] M. Merleau-Ponty. *The Visible and the Invisible: Followed by Working Notes (Studies in phenomenology and existential philosophy)*. Northwestern University Press., 1968.

[50] Eugene M. Izhikevich and Gerald M. Edelman. Large-scale model of mammalian thalamocortical systems. *PNAS*, Vol. 105, No. 9, pp. 3593–3598, 2008.

[51] Y. Kuniyoshi and S. Sangawa. Early motor development from partially ordered neural-body dynamics: experiments with a. cortico-spinal-musculo-sleletal model. *Biol. Cybern*, Vol. 95, pp. 589–605, 2006.

[52] Yasunori Yamada, Hoshinori Kanazawa, Sho Iwasaki, Yuki Tsukahara, Osuke Iwata, Shigehito Yamada, and Yasuo Kuniyoshi. An embodied brain model of the human foetus. *Scientific Reports*, Vol. 6, No. Article number: 27893, pp. 1–10, 2016.

[53] Kohei Nakajima. Physical reservoir computing¥textemdashan introductory perspective. *Japanese Journal of Applied Physics*, Vol. 59, No. 6, p. 060501, may 2020.

[54] 新山龍馬, 國吉康夫. ニューマティック人工筋骨格系によるダイナミック・ロボットの開発. ロボティクス・メカトロニクス講演会 07 予稿集（ROBOMEC2007), pp. 1A1–F03, 2007.

[55] Donald A.Neumann（著）, 嶋田智明・平田総一郎（訳）.『筋骨格系のキネシオロジー』. 医歯薬出版, 2005.

[56] Olaf Sporns and Gerald M. Edelman. Solving bernstein's problem: A proposal for the development of coordinated movement by selection. *Child Dev.*, pp. 960–981, 1993.

[57] Koh Hosoda, Hitoshi Takayama, and Takashi Takuma. Bouncing monopod with bio-mimetic muscular-skeleton system. In *Proc. of IEEE/RSJ International Conference on Intelligent Robots and Systems 2008 (IROS '08)*, 2008.

[58] Rolf Pfeifer, Fumiya Iida, and Gabriel Gömez. Morphological computation for adaptive behavior and cognition. *In International Congress Series*, Vol. 1291, pp. 22–29, 2006.

[59] T. McGeer. "passive walking with knees". In *Proc. of 1990 IEEE Int. Conf. on Robotics and Automation*, 1990.

関連図書

[60] Yoshiyuki Ohmura, Yasuo Kuniyoshi, and Akihiko Nagakubo. Conformable and scalable tactile sensor skin for curved surfaces. In *Proc. of IEEE Int. Conf. on Robotics and Automation*, pp. 1348–1353, 2006.

[61] T. Minato, Y. Yoshikawa, T. Noda, S. Ikemoto, H. Ishiguro, and M. Asada. Cb^2: A child robot with biomimetic body for cognitive developmental robotics. In *Proc. of the IEEE/RSJ International Conference on Humanoid Robots*, pp. CD–ROM, 2007.

[62] Shinya Takamuku, Atsushi Fukuda, and Koh Hosoda. Repetitive grasping with anthropomorphic skin-covered hand enables robust haptic recognition. In *Proc. of IEEE/RSJ International Conference on Intelligent Robots and Systems 2008 (IROS '08)*, p. ThAT13.5, 2008.

[63] サンドラ・ブレイクスリー, マシュー・ブレイクスリー（著）, 小松淳子（訳）. 『脳の中の身体地図―ボディ・マップのおかげで, たいていのことがうまくいくわけ』. インターシフト, 2009.

[64] スー・サベージ・ランバウ, ロジャー・ルーウィン（著）, 石館康平（訳）. 『ヒトと話すサル：カンジ』. 講談社, 1997.

[65] デビッド・プレマック, アン・プレマック（著）, 長谷川寿一（監修）, 鈴木光太郎（訳）. 『心の発生と進化:チンパンジー, 赤ちゃん, ヒト』. 新曜社, 2005.

[66] 浅田稔. 『ロボットという思想―脳と知能の謎に挑む―』. NHK ブックス (1158), 2010.

[67] 浅田稔. 「ロボットサイエンスが導く「動き・かたち」と「思考」の新たな科学」. 浅田稔（編）, 別冊日経サイエンス 179『ロボットイノベーション』, pp. 4–6. 日経サイエンス社, June 2011.

[68] http://www.kousakusha.com/ks/ks-t/ks-t-3-34.html.

[69] 瀬名秀明, 浅田稔, 銅谷賢治, 谷淳, 茂木健一郎, 開一夫, 中島秀之, 石黒浩, 國吉康夫, 柴田智宏. 『ブルーバックス B1461 知能の謎 – 認知発達ロボティクスの挑戦』. 講談社, 12 月 2004.

[70] J. Elman, E. A. Bates, M. Johnson, A. Karmiloff-Smith, D. Parisi, and K. Plunkett. *Rethinking Innateness: A Connectionist Perspective on Development*. The MIT Press, Cambridge, Massachusetts 02142, USA, 1996.

[71] J. Elman 他（著）, 乾敏郎・今井むつみ・山下博志（訳）. 『認知発達と生得性 ―心はどこから来るのか―』. 共立出版, 1998.

[72] Karl Friston. The free-energy principle: a unified brain theory? *Nature reviews Neuroscience*, Vol. 11, No. 2, pp. 127–138, 2010.

[73] Karl Friston, Christopher Thornton, and Andy Clark. Free-energy minimization and the dark-room problem. *Frontiers in Psychology (Cognitive Science)*, Vol. 3, No. 1006, 2012.

[74] L. Berthouze and Y. Kuniyoshi. Emergence and categorization of coordinated visual behavior through embodied interaction. *Machine Learning*, Vol. 31, No. 1/2/3, pp. 187–200, 1998.

[75] 細田耕. 『柔らかヒューマノイド』. 化学同人, 2016.

[76] アントニオ・R・ダマシオ（著）, 田中三彦（訳）. 『生存する脳』. 講談社, 2000.

[77] 浅田稔. エンタテイメントロボティクスと情動・知能. 人工知能学会誌, Vol. 19, No. 1, pp. 15–20, Jan 2004.

[78] Antonio Damasio and Gil B. Carvalho. The nature of feelings: evolutionary and neurobiological origins. *Nat. Rev. Neurosci*, Vol. 14, pp. 143–152, 2013.

[79] Dale Purves, George A. Augustine, David Fitzpatrick, Lawrence C. Katz, Anthony-Samuel LaMantia, James O. McNamara, and S. Mark Williams, editors. *Neuroscience, second edition.* Sinauer Associates, Inc., 2001.

[80] Shigeki Sugano and Tetsuya Ogata. Emergence of mind in robots for human interface -research methodology and robot model-. In *Proceedings of IEEE International Conference on Robotics and Automation*, pp. 1191–1198, 1996.

[81] Tetsuya Ogata and Shigeki Sugano. Emotional communication between humans and the autonomous robot wamoeba-2 (waseda amoeba) which has the emotion model. *JSME International Journal, Series C: Mechanical Systems Machine Elements and Manufacturing*, Vol. 43, No. 3, pp. 568–574, 2000.

[82] 菅野重樹. 感性を生み出す「心」はロボットで実現できるか―機械システムへの自己保存の導入―. 感性工学, Vol. 13, No. 4, pp. 191–194, 2015.

[83] Cristina Gonzalez-Liencresa, Simone G. Shamay-Tsooryc, and Martin Brünea. Towards a neuroscience of empathy: Ontogeny, phylogeny, brain mechanisms, context and psychopathology. *Neuroscience and Biobehavioral Reviews*, Vol. 37, pp. 1537–1548, 2013.

[84] AD (Bud) Craig. Interoception: the sense of the physiological condition of the body. *Curr. Opin. Neurobiol.*, Vol. 13, pp. 500–505, 2003.

[85] D. Premack and G. Woodruff. Does the chimpanzee have a theory of mind? *Behavioral and Brain Sciences*, pp. 515–526, 1978.

[86] Joanne L. Edgar, Elizabeth S. Paul, Lauren Harris, Sarah Penturn, and Christine J. Nicol. No evidence for emotional empathy in chickens observing familiar adult conspecifics. *PloS One*, Vol. 7, No. 2, pp. 1–6, 2012.

[87] Frans B.M. de Waal. Putting the altruism back into altruism: The evolution of empathy. *Annu. Rev. Psychol.*, Vol. 59, pp. 279–300, 2008.

[88] Jennifer L. Goetz, Dacher Keltner, and Emiliana Simon-Thomas. Compassion: an evolutionary analysis and empirical review. *Psychol. Bull.*, Vol. 136, pp. 351–374, 2010.

[89] Ai Kawakami, Kiyoshi Furukawa, Kentaro Katahira, and Kazuo Okanoya. Sad music induces pleasant emotion. *Frontiers in Psychology*, Vol. 4, No. 311, pp. 1–15, 2013.

[90] Minoru Asada. Towards artificial empathy. *International Journal of Social Robotics*, Vol. 7, pp. 19–33, 2015.

[91] Minoru Asada. Can cognitive developmental robotics cause a paradigm shift? In Jeffrey L. Krichmar and Hiroaki Wagatsuma, editors, *Neuromorphic and Brain-Based Robots*, pp. 251–273. Cambridge University Press, 2011.

[92] Minoru Asada. Development of artificial empathy. *Neuroscience Research*, Vol. 90, pp. 41–50, 2014.

[93] 浅田稔. 人工共感の発達に向けて. 苧阪直行（編）, 『ロボットと共生する社会脳―神経社会ロボット学―』, 第 3 章, pp. 79–114. 新曜社, 2015.

[94] Sebo Uithol, Iris van Rooij, Harold Bekkering, and Pim Haselager. Understanding motor resonance. *Social Neuroscience*, Vol. 6, No. 4, pp. 388–397, 2011.

[95] Yukie Nagai and Minoru Asada. Predictive learning of sensorimotor information as a key for cognitive development. In *In Proceedings of the IROS Workshop on Sensorimotor Contingencies for Robotics*, p. Vol.USB, 2015.

[96] Yuji Kawai, Jihoon Park, and Minoru Asada. A small-world topology enhances the echo state property and signal propagation in reservoir computing. *Neural Networks*, Vol. 112, pp. 15–23, 2019.

[97] Patric Hagmann, Leila Cammoun, Xavier Gigandet, Reto Meuli, Christopher J Honey, Van J Wedeen, and Olaf Sporns. Mapping the structural core of human cerebral cortex. *PLOS Biology*, Vol. 6, No. 7, pp. 1–15, 07 2008.

[98] 明和政子. 『心が芽ばえるとき』. NTT 出版, 2006.

[99] 山田康智. ヒト胎児シミュレーションを用いた発達における身体性寄与の構成論的解明. PhD thesis, 東京大学, 2015.

[100] 國吉康夫. 赤ちゃんロボットは心を獲得できるか－構成論的科学の試み－. 日本赤ちゃん学会 第 8 回学術集会, 2008.

[101] 森裕紀, 國吉康夫. 胎児・新生児の全身筋骨格・神経系シミュレーションによる認知運動発達研究. 心理学評論, Vol. 52, No. 1, pp. 20–34, 2009.

[102] Jihoon Park, Hiroki Mori, and Minoru Asada. Analysis of causality network from interactions between nonlinear oscillator networks and musculoskeletal system. In *Late Breaking Proceedings of the European Conference on Artificial Life 2015*, pp. 25–26, 2015.

[103] Giulio Tononi and Christof Koch. Consciousness: here, there and everywhere? *Phil. Trans. R. Soc. B*, Vol. 370: 20140167, p. http://dx.doi.org/10.1098/rstb.2014.0167, 2015.

[104] G. Taga. Emergence of bipedal locomotion through entrainment among the neuromusculo-skeletal system and the environment. *Physica D*, Vol. 75(1-3, pp. 190–208, 1994.

[105] 多賀厳太郎. 発達と創発. 計測と制御, Vol. 48, No. 1, pp. 47–52, 2009.

[106] H. Head and H. G. Holmes. Sensory disturbances from cerebral lesions. *Brain*, Vol. 34, No. 2–3, pp. 102–254, 1911.

[107] Philippe Rochat. Self-perception and action in infancy. *Experimental Brain Research*, pp. 102–109, 1998.

[108] A. Maravita and A. Iriki. Tools for the body (schema). *Trends Cogn. Sci.*, Vol. 8, No. 2, pp. 79–86, 2004.

[109] V. S. Ramachandran and Sandra Blakeslee. *Phantoms in the Brain: Probing the Mysteries of the Human Mind*. Harper Perennial, 1998.

[110] Matej Hoffmann, Hugo Gravato Marques, Alejandro Hernandez Arieta, Hidenobu Sumioka, Max Lungarella, and Rolf Pfeifer. Body schema in robotics: A review. *IEEE Transactions on Autonomous Mental Development*, Vol. 2, No. 4, pp. 304–324, 2010.

[111] 吉川雄一郎, 細田耕, 浅田稔, 辻義樹. 複数センサデータの不変性に基づく身体の発見. 『日本ロボット学会誌』, Vol. 23, No. 8, pp. 986–992, 2005.

[112] Mai Hikita, Sawa Fuke, Masaki Ogino, Takashi Minato, and Minoru Asada. Visual attention by saliency leads cross-modal body representation. In *The 7th International Conference on Development and Learning (ICDL'08)*, p. to appear, 2008.

[113] Sawa Fuke, Masaki Ogino, and Minoru Asada. Acquisition of the head-centered peri-personal spatial representation found in vip neuron. *IEEE Transactions on Autonomous Mental Development*, Vol. 1, No. 2, pp. 131–140, 2009.

[114] M. S. A. Graziano and D. F. Cooke. Parieto-frontal interactions, personal space, and defensive behavior. *Neuropsychologia*, Vol. 44, pp. 845–859, 2006.

[115] Rolf Pfeifer and Christian Scheier. *Understanding Intelligence*. The MIT Press, Cambridge, Massachusetts 02142, USA, 1999.

[116] R. Pfeifer, C. Scheier（著），石黒章夫・小林宏・細田耕（監訳）．『知の創成—身体性認知科学への招待—』．共立出版, 2001.

[117] Rolf Pfeifer and Josh C. Bongard. *How the Body Shapes the Way We Think: A New View of Intelligence*. MIT press, 2006.

[118] R. Pfeifer, J. Bongard（著），細田耕・石黒章夫（訳）．『知能の原理—身体性に基づく構成論的アプローチ—』．共立出版, 2010.

[119] 入來篤史. 道具を使う手と脳の働き. 『日本ロボット学会誌』, Vol. 18(6), pp. 786–791, 2000.

[120] 浅田, 石黒, 國吉. 認知ロボティクスの目指すもの. 『日本ロボット学会誌』, Vol. 17, No. 1, pp. 2–6, 1999.

[121] 浅田稔. 認知発達ロボティクスと創発. 学術月報, Vol. 53, No. 9, pp. 19–23, 2000.

[122] 北野宏明, 浅田稔. 「ワールドカップ」ロボットの挑戦. 日経サイエンス, Vol. 28, pp. 74–82, 1998.

[123] Terrence W. Deacon. *The Symbolic Species: The co-evolution of language and the brain*. W. W. Norton & Company, New York, London, 1998.

[124] テレンス・W・ディーコン（著），金子隆芳（訳）．『ヒトはいかにして人となったか—言語と脳の共進化—』．新曜社, 1999.

[125] G. E. Butterworth and N. L. M. Jarrett. What minds have in common is space: Spatial mechanisms serving joint visual attention in infancy. *British Journal of Developmental Psychology*, Vol. 9, pp. 55–72, 1991.

[126] Chris Moore and Philip J. Dunham(Ed.). *Joint Attention: Its Origins and Role in Development*. Lawrence Erlbaum Associates, 1995.

[127] Y. Nagai, K. Hosoda, A. Morita, and M. Asada. A constructive model for the development of joint attention. *Connection Science*, Vol. 15, pp. 211–229, 2003.

[128] Alan Slater. Visual perception. In J Gavin Bremner and Alan Fogel, editors, *Blackwell Handbook of Infant Development*, chapter 1. Blackwell Publishing, 2002.

[129] 長井志江, 浅田稔, 細田耕. ロボットと養育者の相互作用に基づく発達的学習モデルによる共同注意の獲得. 人工知能学会誌, Vol. 18, No. 2, pp. 122–130, 2003.

[130] Ian Fasel, Gedeon O. Deák, Jochen Triesch, and Javier Movellan. Combining embodied models and empirical research for understanding the development of shared attention. In *Proceedings of the 2nd International Conference on Development and Learning*, pp. 21–27, 2002.

[131] 大神英裕. 共同注意行動の発達的起源. *Kyushu University Psychological Research*, Vol. 3, pp. 29–39, 2002.

[132] R. Bakeman and L. Adamson. Coordinating attention to people and objects in motherâĂŞinfant and peerâĂŞinfant interaction. *Child Development*, Vol. 55, No. 4, pp. 1278–1289, 1984.

[133] M. Carpenter, K. Nagell, and M. Tomasello. Social cognition, joint attention, and communicative competence from 9 to 15 months of age. *Monographs of the society for research in child development*, Vol. 63, No. 4, pp. 1–143, 1998.

[134] Hidenobu Sumioka, Yuichiro Yoshikawa, and Minoru Asada. Reproducing interaction contingency toward open-ended development of social actions: Case study on joint attention. *IEEE Transactions on Autonomous Mental Development*, Vol. 2, No. 1, pp. 40–50, 2010.

[135] Rizzolatti G., Camarda R., Fogassi M., Gentilucci M., Luppino G., and Matelli M. Functional organization of inferior area 6 in the macaque monkey: Ii. area f5 and the control of distal movements. *Exp. Brain Res.*, Vol. 71, pp. 491–507, 1988.

[136] G. Rizzolatti and M. A. Arbib. Language within our grasp. *Trends Neuroscience*, Vol. 21, pp. 188–194, 1998.

[137] ジャコモ・リゾラッティ, コラド・シニガリア（著）, 柴田裕之（訳）, 茂木健一郎（監修）. 『ミラーニューロン』. 紀伊国屋書店, 2009.

[138] 村田哲. 脳の中にある身体. 開一夫, 長谷川寿一（編）, 『ソーシャルブレインズ　自己と他者を認知する脳』, pp. 79–108. 東京大学出版会, 2009.

[139] Vittorio Gallese and Alvin Goldman. Mirror neurons and the simulation theory of mind-reading. *Trends in Cognitive Science*, Vol. 2, No. 12, pp. 493–501, 1998.

[140] 嶋田総太郎. 自己と他者を区別する脳のメカニズム. 開一夫, 長谷川寿一（編）, 『ソーシャルブレインズ　自己と他者を認知する脳』, pp. 59–78. 東京大学出版会, 2009.

[141] Christian Keysers, Bruno Wicker, Valeria Gazzola, Jean-Luc Anton, Leonardo Fogassi, and Vittorio Gallese. A touching sight: Sii/pv activation during the observation and experience of touch. *Neuron*, Vol. 42, pp. 335âĂŞ–346, 2004.

[142] 福島宏器. 他人の損失は自分の損失？—共感の神経的基盤を探る. 開一夫, 長谷川寿一（編）, 『ソーシャルブレインズ　自己と他者を認知する脳』, pp. 191–216. 東京大学出版会, 2009.

[143] Ulric Neisser, editor. *The Perceived Self: Ecological and Interpersonal Sources of Self Knowledge*. Cambridge University Press, 1993.

[144] Andrew N. Meltzoff and M. Keith Moore. Imitation of facial and manual gestures by human neonates. *Science*, pp. 74–78, 1977.

[145] 呉東進. 重度障害児に見られる口の模倣行動から考える. 『ベビーサイエンス』, Vol. 8, pp. 17–18, Dec 2008.

[146] 浅田稔. 浅田共創知能システムプロジェクト. 未来材料, Vol. 9, No. 3, pp. 63–67, Jan 2009.

[147] Sawa Fuke, Masaki Ogino, and Minoru Asada. Body image constructed from motor and tactle images with visual informaiton. *International Journal of Humanoid Robotics*, Vol. 4, pp. 347–364, 2007.

[148] 福家佐和, 荻野正樹, 浅田稔. 視覚観測困難な自己の顔の身体像におけるパーツ検出モデルの提案. ロボティクス・メカトロニクス講演会'07 予稿集, pp. 1P2–L10, 2007.

[149] Yuji Kawai, Yukie Nagai, and Minoru Asada. Perceptual development triggered by its self-organization in cognitive learning. In *In Proceedings of the 2012 IEEE/RSJ International Conference on Intelligent Robots and Systems*, pp. 5159–5164, 2012.

[150] E. L. Newport. Maturational constraints on language learning. *Cognitive Science*, pp. 11–28, 1990.

[151] Jorge L. Copete, Yukie Nagai, and Minoru Asada. Motor development facilitates the prediction of others' actions through sensorimotor predictive learning. In *Proceedings of the 6th IEEE International Conference on Development and Learning, and Epigenetic Robotics (ICDL-EpiRob 2016)*, pp. (CD–ROM), 2016.

[152] Yasutake Takahashi, Yoshihiro Tamura, and Minoru Asada. Mutual development of behavior acquisition and recognition based on value system. In *Proceedings of the 10th international conference on simulation of adaptive behavior (SAB08)*, pp. 291–300, 2008.

[153] G. Rizzolatti and M. A. Arbib. Language within our grasp. *Trends in Neurosiences*, Vol. 21, No. 5, pp. 188–194, 1998.

[154] Johannes Kuehn and Sami Haddadin. An artificial robot nervous system to teach robots how to feel pain and reflexively react to potentially damaging contacts. *IEEE Robot. Autom. Lett.*, Vol. 2, No. 1, pp. 72–79, 2016.

[155] T. Kawasetsu, T. Horii, H. Ishihara, and M. Asada. Flexible tri-axis tactile sensor using spiral inductor and magnetorheological elastomer. *IEEE Sensors Journal*, Vol. 18, No. 4, pp. 5834–5841, 2018.

[156] Takato Horii, Yukie Nagai, and Minoru Asada. Modeling development of multimodal emotion perception guided by tactile dominance and perceptual improvement. *IEEE Transactions on Cognitive and Developmental Systems*, Vol. 10, No. 3, pp. 762–775, 2018.

[157] Takato Horii, Yukie Nagai, and Minoru Asada. Imitation of human expressions based on emotion estimation by mental simulation. *Paladyn, Journal of Behavioral Robotics*, Vol. 7, No. 1, pp. 40–54, 2016.

[158] J. A. Russell. A circumplex model of affect. *Journal of Personality and Social Psychology*, Vol. 39, pp. 1161–1178, 1980.

[159] G. Gergely and J. S. Watson. Early socio-emotional development: Contingency perception and the social-biofeedback model. In P. Rochat, editor, *Early Social Cognition: Understanding Others in the First Months of Life*, pp. 101–136. Mahwah, NJ: Lawrence Erlbaum, 1999.

[160] Ayako Watanabe, Masaki Ogino, and Minoru Asada. Mapping facial expression to internal states based on intuitive parenting. *Journal of Robotics and Mechatronics*, Vol. 19, No. 3, pp. 315–323, 2007.

[161] Ben Seymour. Pain: A precision signal for reinforcement learning and control. *Neuron*, Vol. 101, No. 6, pp. 1029 – 1041, 2019.

[162] Hisashi Ishihara, Binyi Wu, and Minoru Asada. Identification and evaluation of the face system of a child android robot affetto for surface motion design. *Frontiers in Robotics and AI*, Vol. 5, p. 119, 2018.

[163] Julianne Holt-Lunstad, Timothy B. Smith, and J. Bradley Layton. Social relationships and mortality risk: A meta-analytic review. *PLoS Medicine*, Vol. 7, No. 7, p. e1000316, 2010.

[164] Masaki Ogino, Akihiko Nishikawa, and Minoru Asada. A motivation model for interaction between parent and child based on the need for relatedness. *Frontiers in Psychology*, Vol. 4, No. Article618, pp. 324–334, 2013.

[165] Edward Tronick, Heidelise Als, Lauren Adamson, Susan Wise, and T. Berry Brazelton. The infant's response to entrapment between contradictory messages in face-to-face interaction. *Journal of the American Academy of Child & Adolescent Psychiatry*, Vol. 17, No. 1, pp. 1–13, 1978.

[166] 塚田稔. 『芸術脳の科学 脳の可塑性と創造性のダイナミズム』. ブルーバックス講談社, 東京, 2015.

[167] S. Harnad. The symbol grounding problem. *Physica D*, Vol. 42, pp. 335–346, 1990.

[168] 谷口忠大. 『記号創発ロボティクス 知能のメカニズム入門』. 講談社, 東京, 日本, 2014.

[169] 浅田稔. 知能共創システムプロジェクトの目指したもの. 『日本ロボット学会誌』, Vol. 30, No. 1, pp. 2–7, January 2012.

[170] 浅田稔. 共創知能を超えて-認知発達ロボティクスよる構成的発達科学の提唱-. 人工知能学会誌, Vol. 27, No. 1, pp. 4–11, January 2012.

[171] L. Polka and J.Weker. Developmental changes in perception of nonnative vowel contrasts. *Journal of Experimental Psychology: Human Perception and Performance*, Vol. 20(2), pp. 421–435, 1994.

[172] P. K. Kuhl. Human adults and human infants show a "perceptual magnet effect" for the prototypes of speech categories, monkeys do not. *Perception & Psychophysics*, Vol. 50, pp. 93–107, 1991.

[173] P. K. Kuhl, K. A. Williams, F. Lacerda, K. N. Stevens, and B. Lindblom. Linguistic experience alters phonetic perception in infants by 6 months of age. *Science*, Vol. 255, pp. 606–608, 1992.

[174] Anthony J. DeCasper and Melanie J. Spence. Prenatal maternal speech influences newborns' perception of speech sounds. *Infant Behavior and Development*, Vol. 9, pp. 133–150, 1986.

[175] Sasaki, Levine, Laitman, and Crelin. Postnatal developmental descent of the epiglottis in man. *Archives of Otolaryngology*, Vol. 103, pp. 169–171, 1977.

[176] H. Vorperian and R. Kent. Vowel acoustic space development in children: A synthesis of acoustic and anatomic data. *J. Speech Lang. Hear. Res.*, Vol. 50, pp. 1510–1545, 2007.

[177] T. Kokkinaki and G. Kugiumutzakis. Basic aspects of vocal imitation in infant-parent interaction during the first 6 months. *Journal of reproductive and infant psychology*, Vol. 18, pp. 173–187, 2000.

[178] N. Masataka and K. Bloom. Accoustic properties that determine adult's preference for 3-month-old infant vocalization. *Infant Behavior and Development*, Vol. 17, pp. 461–464, 1994.

[179] M. Pélaez-Nogueras, J. L. Gewirtz, and M. M. Markham. Infant vocalizations are conditioned both by maternal imitation and motherese speech. *Infant Behavior and Development*, Vol. 19, p. 670, 1996.

[180] Susan S. Jones. Imitation in infancy - the development of mimicry. *Psychological science*, Vol. 18, No. 7, pp. 593–599, 2007.

[181] E. Bates, P. Dale, and D. Thal. Individual differences and their implications for theories of language development. In Fletcher and MacWhinney, editors, *Handbook of Child Language*, pp. 96–151. Oxford: Basil Blackwell, 1995.

[182] Marc D. Hauser, Noam Chomsky, and W. Tecumseh Fitch. The faculty of language: What is it, who has it, and how did it evolve? *Science*, pp. 1569–1579, 2002.

[183] P. Kuhl, F. Tsao, and H. Liu. Foreign-language experience in infancy: Effects of short-term exposure and social interaction on phonetic learning. *Proc. Nat. Acad. Sci.*, Vol. 100, pp. 9096–9101, 2003.

[184] P. K. Kuhl and A. N. Meltzoff. Infant vocalizations in response to speech: Vocal imitation and developmental change. *Journal of Acoustic Society of America*, Vol. 100, pp. 2415–2438, 1996.

[185] Katsushi Miura, Yuichiro Yoshikawa, and Minoru Asada. Unconscious anchoring in maternal imitation that helps finding the correspondence of caregiver's vowel categories. *Advanced Robotics*, Vol. 21, pp. 1583–1600, 2007.

[186] 浅田稔. 親子間相互作用が結ぶ言の葉のはじめ－認知発達ロボティクスからのアプローチ－. 日本顎口腔機能学会雑誌, Vol. 22, No. 2, pp. 95–103, 2016.

[187] Minoru Asada. Modeling early vocal development through infant-caregiver interaction: a review. *IEEE Transactions on Cognitive and Developmental Systems*, Vol. 8, No. 2, pp. 128–138, 2016.

[188] Frank H. Guenther. A neural network model of speech acquisition and motor equivalent speech production. *Biological Cybernetics*, Vol. 72, No. 1, pp. 43–53, 1994.

[189] H. Kanda, T. Ogata, T. Takahashi, K. Komatani, and H. G. Okuno. Continuous vocal imitation with self-organized vowel spaces in recurrent neural network. *Proceedings of IEEE International Conference on Robotics and Automation*, pp. 4438–4443, May 2009.

[190] Gert Westermann and Eduardo Reck Miranda. A new model of sensorimotor coupling in the development of speech. *Brain and Language*, Vol. 89, pp. 393–400, 2004.

[191] Gautam K. Vallabha, James L. McClelland, Ferran Pons, Janet F. Werker, and Shigeaki Amano. Unsupervised learning of vowel categories from infant-directed speech. *Proc. of National Academy of Sciences USA*, Vol. 104, pp. 13273–13278, 2007.

[192] B. McMurray, R. N. Aslin, and J. C. Toscano. Statistical learning of phonetic categories: insights from a computational approach. *Developmental Science*, Vol. 12, pp. 369–378, 2009.

[193] Pierre-Yves Oudeyer. The self-organization of speech sounds. *Journal of Theoretical Biology*, Vol. 233, No. 3, pp. 435–449, 2005.

[194] B. de Boer and W. Zuidema. Multi-agent simulations of the evolution of combinatorial phonology. *Adaptive Behavior*, Vol. 18, pp. 141–154, 2010.

[195] Lou Boves, Louis ten Bosch, and Roger Moore. Acorns âĂŞ towards computational modeling of communication and recognition skills. In *6th IEEE Int. Conf. on Cognitive Informatics*, pp. 349–356, 2007.

[196] L. ten Bosch, H. Van hamme, L. Boves, and R. K. Moore. A computational model of language acquisition: the emergence of words. *Fundamenta Informaticae*, Vol. 90(3), pp. 229–249, 2009.

[197] Clement Moulin-Frier, Sao Mai Nguyen, and Pierre-Yves Oudeyer. Self-organization of early vocal development in infants and machines: The role of intrinsic motivation. *Frontiers in Psychology (Cognitive Science)*, Vol. 4, No. 1006, 2013.

[198] Max Murakami, Bernd Kroger, Peter Birkholzz, and Jochen Triesch. Seeing [u] aids vocal learning: babbling and imitation of vowels using a 3d vocal tract model, reinforcement learning, and reservoir computing. In *5th International Conference on Development and Learning and on Epigenetic Robotics*, pp. 208–213, 2015.

[199] G. Westermann and E. Reck Miranda. A new model of sensorimotor coupling in the development of speech. *Brain and Language*, Vol. 89, pp. 393–400, 2004.

[200] Bernd J. Kroger, Jim Kannampuzha, and Emily Kaufmann. Associative learning and self-organization as basic principles for simulating speech acquisition, speech production, and speech perception. *EPJ Nonlinear Biomedical Physics*, Vol. 2:2, pp. 1–28, 2014.

[201] Bernd J. Kroger, Jim Kannampuzha, and Christiane Neuschaefer-Rube. Towards a neurocomputational model of speech production and perception. *Speech Communication*, Vol. 51, pp. 793âĂŞ–809, 2009.

[202] Yuichiro Yoshikawa, Minoru Asada, Koh Hosoda, and Junpei Koga. A constructivist approach to infants' vowel acquisition through mother-infant interaction. *Connection Science*, Vol. 15, No. 4, pp. 245–258, Dec 2003.

[203] Katsushi Miura, Yuichiro Yoshikawa, and Minoru Asada. Vowel acquisition based on an auto-mirroring bias with a less imitative caregiver. *Advanced Robotics*, Vol. 26, pp. 23–44, 2012.

[204] Ian S. Howard and Piers Messum. Modeling the development of pronunciation in infant speech acquisition. *Motor Control*, Vol. 15, No. 1, pp. 85–117, 2011.

[205] Ian S. Howard and Piers Messum. Learning to pronounce first words in three languages: An investigation of caregiver and infant behavior using a computational model of an infant. *PloS One*, Vol. 9, No. 10, pp. e110334: 1–21, 2014.

[206] H. Ishihara, Y. Yoshikawa, K. Miura, and M. Asada. How caregiver's anticipation shapes infant's vowel through mutual imitation. *IEEE Transactions on Autonomous Mental Development*, Vol. 1, No. 4, pp. 217–225, 2009.

[207] Ilana Heintz, Mary Beckman, Eric Fosler-Lussier, and Lucie Menard. Evaluating parameters for mapping adult vowels to imitative babbling. In *in Proceedings of INTERSPEECH 2009*, pp. 688–691, 2009.

[208] H. Vorperian and R. Kent. Vowel acoustic space development in children: A synthesis of acoustic and anatomic data. *Journal of Speech, Language, and Hearing Research*, Vol. 50, pp. 1510–1545, 2007.

[209] Philippe Rochat. *THE INFANT'S WORLD*, chapter 4. Harverd University Press, 2004.

[210] T. Higashimoto and H. Sawada. Speech production by a mechanical model construction of a vocal tract and its control by neural network. In *Proc. of the 2002 IEEE Intl. Conf. on Robotics & Automation*, pp. 3858–3863, 2002.

[211] 石原尚, 若狭みゆき, 吉川雄一郎, 浅田稔. 乳児母音発達を誘導する自己鏡映的親行動の構成論的検討. 認知科学, Vol. 18, No. 1, pp. 100–113, 2011.

[212] Ian S. Howard and Piers Messum. A computational model of infant speech development. In *In XII International Conference "Speech and Computer" (SPECOM 2007) Moscow State Linguistics University*, pp. 756–765, 2007.

[213] Nobutsuna Endo, Tomohiro Kojima, Yuki Sasamoto, Hisashi Ishihara, Takato Horii, and Minoru Asada. Design of an articulation mechanism for an infant-like vocal robot "lingua". In *the 3rd Conference on Biomimetic and Biohybrid Systems (Living Machines 2014)*, pp. 389–391, 2014.

[214] 岡ノ谷一夫. 『小鳥の歌からヒトの言葉へ』. 岩波書店, 2003.

[215] 岡ノ谷一夫. 身体的「知」の進化と言語的「知」の創発. 人工知能学会誌, Vol. 18, No. 4, pp. 392–398, 2003.

[216] Matt Ridley. *Nature Via Nurture: Genes, Experience, and What Makes Us Human*. Harper Collins, 2003.

[217] Xiaoyuan He, Ryo Kojima, and Osamu Hasegawa. Developmental word grounding through a growing neural network with a humanoid robot. IEEE Transactions on Systems, Man and Cybernetics, Part B, Vol. 37, pp. 451–462, 2007.

[218] Masaki Ogino, Masaaki Kikuchi, and Minoru Asada. Active lexicon acquisition based on curiosity. In *The 5th International Conference on Development and Learning (ICDL'06)*, 2006.

[219] Shinya Takamuku, Yasutake Takahashi, and Minoru Asada. Lexicon acquisition based on object-oriented behavior learning. *Advanced Robotics*, Vol. 20, No. 10, pp. 1127–1145, 2006.

[220] D. Roy and A. Pentland. Learning words from sights and sounds: a computational model. *Cognitive Science*, Vol. 26, pp. 113–146, 2002.

[221] C. Yu, D. Ballard, and R. Aslin. The role of embodied intention in early lexical acquisition. *Cognitive Science*, 2005.

[222] Y. Yoshikawa, T. Nakano, M. Asada, and H. Ishiguro. Multimodal joint attention through cross facilitative learning based on μx principle. In *Proceedings of the 7th IEEE International Conference on Development and Learning*, 2008.

[223] Yuki Sasamoto, Yuichiro Yoshikawa, and Minoru Asada. Mutually constrained multimodal mapping for simultaneous development: modeling vocal imitation and lexicon acquisition. In *The 9th International Conference on Development and Learning (ICDL'10)*, pp. CD–ROM, 2010.

[224] Mutsumi Imai, Lianjing Li, Etsuko Haryu, Hiroyuki Okada, Kathy Hirsh-Pasek, Roberta Michnick Golinkoff, and Jun Shigematsu. Novel noun and verb learning in chinese-, english-, and japanese-speaking children. *Child Development*, Vol. 79, No. 4, pp. 979–1000, 2008.

[225] A. Toyomura and T. Omori. A computational model for taxonomybased word learning inspired by infant developmental word acquisition. *IEICE Information and Systems*, Vol. 88, No. 10, pp. 2389?–2398, 2005.

[226] 河合祐司, 大嶋悠司, 笹本勇輝, 長井志江, 浅田稔. 幼児の統語発達モデル：日本語，英語，中国語の言語構造を反映した統語範疇の獲得過程. 認知科学, Vol. 22, No. 3, pp. 475–479, 2015.

[227] Terrence W. Deacon. *Incomplete Nature: How Mind Emerged from Matter*. W. W. Norton & Company, New York, London, 2011.

[228] Tomoyo Morita, Minoru Asada, and Eiichi Naito. Contribution of neuroimaging studies to understanding development of human cognitive brain functions. *Frontiers in Human Neuroscience*, Vol. 10, No. Article 464, 2016.

[229] Tomoyo Morita, Daisuke N. Saito, Midori Ban, Koji Shimada, Yuko Okamoto, Hirotaka Kosaka, Hidehiko Okazawa, Minoru Asada, and Eiichi Naito. Self-face recognition shares brain regions active during proprioceptive illusion in the right inferior fronto-parietal superior longitudinal fasciculus iii network. *Neuroscience*, Vol. 348, pp. 288 – 301, 2017.

[230] Eiichi Naito, Minoru Asada, Tomoyo Morita, Midori Ban, Yuko Okamoto, Hidehiko Okazawa, Koji Shimada, Daisuke N Saito, and Hirotaka Kosaka. Development of Right-hemispheric Dominance of Inferior Parietal Lobule in Proprioceptive Illusion Task. *Cerebral Cortex*, Vol. 27, No. 11, pp. 5385–5397, 08 2017.

[231] Hideyuki Takahashi, Kazunori Teradad, Tomoyo Moritaa, Shinsuke Suzukie, Tomoki Hajib, Hideki Kozimag, Masahiro Yoshikawah, Yoshio Matsumotoi, Takashi Omorib, Minoru Asadaa, and Eiichi Naito. Different impressions of other agents obtained through social interaction uniquely modulate dorsal and ventral pathway activities in the social human brain. *Cortex*, Vol. 58, pp. 289–300, 2014.

[232] 瀬名秀明, 浅田稔. ロボットが人間を超える日. 瀬名秀明（編），『科学の最前線で研究者は何を見ているのか』, pp. 96–115. 日本経済新聞社, Jul 2004.

[233] 瀬名秀明, 浅田稔, 石黒浩, 國吉康夫. 『序論 – 見えない「賢さ」をロボットで探る』. けいはんな社会的知能発生学研究会（編），『ブルーバックス B1461 知能の謎 – 認知発達ロボティクスの挑 戦』, pp. 8–44. 講談社, Dec 2004.

[234] 瀬名秀明, 浅田稔, 石黒浩, 國吉康夫. 『子ども部屋の扉を開けて外へ –世界の認識』. けいはんな社会的知能発生学研究会（編），『ブルーバックス B1461 知能の謎 – 認知発達ロボティクスの挑 戦』, pp. 57–81. 講談社, Dec 2004.

[235] 浅田稔. 『意味を取り出すためのハード –身体』. けいはんな社会的知能発生学研究会（編），『ブルーバックス B1461 知能の謎 – 認知発達ロボティクスの挑 戦』, pp. 91–109. 講談社, Dec 2004.

[236] 瀬名秀明. 鼓動.『日本ロボット学会誌』, Vol. 38, No. 1, pp. 94–78, January 2020.

[237] 浅田稔. ニューロモルフィックダイナミクス. 独立行政法人情報処理推進機構 AI 白書編集委員会（編）,『AI 白書 2020』, 第 Column 01 章, pp. 170–173. KADOKAWA, 2020.

あ と が き

　本書で紹介した研究は，スペースの都合上，一部であり，著者の研究室のスタッフや学生さんと一緒に積み重ねてきたものである．一部を紹介すると（所属は2020年9月現在），内部英二ATR主幹研究員，荻野正樹関西大学教授，高橋泰岳福井大学教授，長井志江東大特任教授，吉川雄一郎大阪大学准教授，森裕紀早稲田大学准教授，石原尚大阪大学講師，河合祐司大阪大学特任准教授，守田知代大阪大学特任准教授，朴志勲大阪大学特任助教，高橋英之大阪大学特任准教授，遠藤信綱東京電機大助教等である．彼ら，彼女らに加え，研究室のOB/OGの諸君にも感謝したい．また，第14章で触れたニューロモルフィックダイナミクスプロジェクトに関しては，森江隆九州工業大学教授，浅井哲也北海道大学教授，國吉康夫東京大学教授，麻生英樹産業技術総合研究所統括研究主幹を始めとするプロジェクトメンバーに感謝する．

　本書で紹介した方々は，著者が多大な影響を受けた方々のごく一部であり，この他にも多くの方々との議論や頂いたヒントが，本書での研究に参考になっている．個々の列挙は控えさせて頂くが，ここに感謝の意を表したい．特に，本書でも部分的に触れているが，著者の業績の中で大きな位置を占めるロボカップに関しては，別書籍を予定しており，そこで，ロボカップ関連の研究と影響を受けた方々を紹介する予定である．

　最後に妻と二人の息子にも感謝したい．著者一人では，時間的・空間的に拘束されているが，家族が著者のリモートセンサーとなって，さまざまな情報を世界から提供し続けてくれた．映画，クルマ，プロ野球，音楽など，さまざまな各種情報は，一見，著者の研究に関係ないように見えながら，人工知能やロボットの社会進出とともに，徐々に関連を強めてきており，大いに役立ったのである．感謝するとともに，これからもお願いしたい．

索引

CE, 65, 67, 68, 117

EE, 65, 67, 68, 70, 117, 123
Elija, 138

fMRI, 151, 152, 154

MNS, 20, 48, 50, 70, 73, 77, 85, 107, 108, 111, 112, 114, 117, 121, 123

RNN, 40, 146

STDP, 48, 77

アクティビジョン, 24
アフォーダンス, 14, 139, 147

意識, 4, 5, 9–11, 18, 21, 32, 33, 36, 47, 61, 66, 79, 93–95, 108, 123, 156
痛み, 8, 9, 50, 64, 86, 93, 108, 114, 117, 119, 121, 124
移動エントロピー, 78, 79
イメージング, 58, 85, 151

永続性, 21
遠心性コピー, 107, 108

オートポイエーシス, 34

学習, 2
隠れマルコフモデル, 141, 146, 148
可塑性, 47, 85, 86, 128
間主観性, 31, 39

記憶, 8–10, 21, 22, 25, 40, 62, 64, 75, 82, 116, 120, 138, 141, 166

記号接地問題, 129
記号創発, 129, 138
逆運動学, 44
強化学習, 15, 22, 60, 87, 115, 143, 144
共感, 14, 21, 50, 61, 64–68, 71, 73, 107, 108, 114, 115, 117–119, 121–123, 154
協調, 2
共同注意, 71, 73, 97, 99–103, 107, 112, 144, 161

クーイング, 129, 134, 138

幻肢, 7, 86
顕著性, 88, 142, 143

構音, 131, 132, 134, 136, 137
構成的手法, 34, 39, 43, 47, 54, 60, 77, 151, 161, 166
心の理論, 51, 65, 107, 156
コミュニケーション, 10, 35, 50, 61, 73, 95, 105, 108, 130, 131, 140
コンピュータビジョン, 23, 25–27, 29, 72

最小自己, 36, 38

自己鏡映バイアス, 129, 135, 136, 139
自己主体感, 36, 37, 39, 86, 108
自己所有感, 36, 37, 39, 86
自己組織化, 50, 88, 133, 134, 143, 144, 147
自己存在感, 36, 37, 39
自他認知, 36, 66–68, 70, 111, 124, 132
自他弁別, 104, 107, 108
自閉症, 52
社会的自己, 36, 73, 123

社会的相互作用, 45, 68, 73, 151, 154, 161, 162
自由意志, 32, 33, 47
周辺視, 20, 23
主体感, 37–39, 85, 86
受動歩行, 49
順運動学, 44
状態空間, 79, 87, 122
情動的共感, 65
情動伝染, 64, 65, 67, 68, 70, 117, 123
自律神経系, 35, 36, 39
自律性, 29, 32–36
神経修飾伝達物質, 64
人工知能, 22, 23, 73, 94, 158
新生児, 21, 44, 54, 56, 73, 81, 98, 109, 130
深層学習, 23, 32
身体イメージ, 6, 86
身体性, 18, 31, 34, 43, 45–47, 51, 61, 68, 71, 91, 95, 129, 132, 133, 135, 138, 139, 161, 166

随伴性, 99, 102
スモールワールドネットワーク, 75, 76

制限付きボルツマンマシン, 121
生態学的自己, 36, 73, 75, 123
前帯状皮質, 65, 119, 120, 166
前部島皮質, 65, 119, 166

ソフトロボティクス, 36, 60, 163
ソマティックマーカー仮説, 61

胎児, 43, 44, 54, 56, 73, 76, 77, 86
対人的自己, 36, 73, 123
大脳皮質, 7, 75
他者視点取得, 52, 65, 67, 115

知覚構音バイアス, 136, 137, 139
注意, 20, 21, 88, 101, 102, 104, 117, 125
中心視, 20, 23

鉄腕アトム, 5, 41

同情と哀れみ, 65, 67, 117

内受容, 59
内受容, 36, 37, 62, 64, 85, 88, 152

乳児, 73, 81, 103, 130–132, 134–137, 142, 144, 148
乳幼児, 52, 102, 103, 111, 121, 125, 129, 134
認知科学, 22, 32, 43, 53, 116, 161
認知の共感, 65
認知発達ロボティクス, 1, 22–24, 39, 43, 45, 52, 53, 56, 58, 59, 61, 70, 71, 73, 79, 80, 82, 85, 87, 92, 109, 111, 115, 121, 129, 138, 151, 155, 158, 161, 166

妬み/シャーデンフロイデ, 64, 65

脳科学, 6, 22, 53, 95, 116

バイモダルニューロン, 86, 88, 90, 94
バブリング, 129, 138

非線形振動子, 78
ヒューマノイド, 2, 49, 53, 60, 109, 154

フォルマント, 131, 134, 137
複雑系科学, 22, 43, 165

ヘブ学習, 88, 112, 134, 135, 143, 144

ボディイメージ, 7, 50, 85, 86, 89, 109
ボディスキーマ, 7, 50, 85, 86, 89
ホメオスタシス, 62

マグネット効果, 129–131, 136, 137

ミラーニューロン, 20, 71, 73, 107, 116
ミラーニューロンシステム, 20

無意識, 21, 64, 66, 79, 85, 132, 156

メタ認知, 65, 66, 71

網膜チップ, 23

模倣, 44, 68, 70, 73, 107–111, 115,
        117, 121, 129–134, 136, 137,
        140, 144, 145, 148

予測, 20, 21, 36, 39, 75
予測符号化, 20, 58, 162

離人症, 40
臨床哲学, 1, 2, 14, 18

レザバー計算, 75, 76

ロボカップ, 2, 13, 22, 37, 58, 82, 95,
        157, 163

ワーキングメモリ, 21

人名索引

アロイモノス，イアニス, 24
池内克史, 27, 72
石黒浩, 40, 53, 57, 157, 158
乾敏郎, 53, 58, 59
入來篤史, 91, 92
ヴィーコ，ジャンバッティスタ, 30, 43
岡ノ谷一夫, 140
金出武雄, 25, 27, 72
川人光男, 115, 116
カント，イマヌエル, 30, 33
木村敏, 40
ギャラガー，ショーン, 36
国吉康夫, 25, 40, 46, 49, 53, 57, 59,
　　　　　77, 82, 83, 157, 158
小西育郎, 81-83
佐々木正人, 14
サンディーニ，ジュリオ, 23
下條信輔, 56, 156
白井良明, 25, 27, 59
鈴木良次, 20, 25
瀬名秀明, 57, 157-159
多賀厳太郎, 80, 81, 83, 156
谷淳, 29, 40, 80
ダマシオ，アントニオ, 14, 61, 62
塚田稔, 127
辻三郎, 19, 21, 22, 25, 27, 59
津田一郎, 80, 127, 164
ディーコン，テレンス, 149
デカルト，ルネ, 11, 30, 31, 165
ドゥ・ヴァール，フランス, 68
ナイサー，ウルリック, 36, 108
中島秀之, 40, 41, 158
ハーナッド，スティーバン, 129
ハイデッガー，マルティン, 31
長谷川眞理子, 149
バレーラ，フランシスコ, 34, 35

ファイファー，ロルフ, 60, 91
フーコー，ミシェル, 30, 35
フェルベーク，ピーター＝ポール, 31
福島智, 104
福村晃夫, 22, 40, 116
フッサール，エトムント, 31
ブルックス，ロドニー, 27, 72
ヘッブ，ドナルド, 88
細田耕, 53, 59, 60, 91
マトゥラーナ，ウンベルト, 34, 35
メルロー＝ポンティ，モーリス, 31, 35
山崎正和, 15, 16
ラトゥール，ブルーノ, 31
ラマチャンドラン，ヴィラヤヌル, 6
リドレー，マット, 45, 141
鷲田清一, 1, 2, 104

著者紹介

浅田 稔 (あさだ みのる)

1982年,大阪大学大学院基礎工学研究科博士後期課程修了.博士(工学).1995年,大阪大学工学部教授,1997年,大阪大学大学院工学研究科知能・機能創成工学専攻教授となり,現在に至る.2019年より,大阪大学先導的学際研究機構共生知能システム研究センター特任教授(名誉教授)を兼任.1992年,IEEE/RSJIROS-92 Best Paper Award,1996年・2009年,日本ロボット学会論文賞,2001年,文部科学大臣賞・科学技術普及啓発功績者賞など,受賞多数.日本赤ちゃん学会理事,ロボカップ日本委員会理事,ロボカップ国際委員元プレジデントなどを歴任.2019年より,日本ロボット学会会長.

装丁・組版 安原悦子、高山哲司
編集 小山透

浅田稔のAI 研究道 ── 人工知能はココロを持てるか

2020 年 11 月 30 日　　初版第 1 刷発行

著　者　　浅田 稔
発行者　　井芹 昌信
発行所　　株式会社近代科学社
　　　　　〒162-0843 東京都新宿区市谷田町 2-7-15
　　　　　電話 03-3260-6161　振替 00160-5-7625
　　　　　https://www.kindaikagaku.co.jp/

・本書の複製権・翻訳権・譲渡権は株式会社近代科学社が保有します。
・ JCOPY ＜（社）出版者著作権管理機構 委託出版物＞
本書の無断複写は著作権法上での例外を除き禁じられています。複写される場合は，そのつど事前に（社）出版者著作権管理機構(https://www.jcopy.or.jp, e-mail: info@jcopy.or.jp)の許諾を得てください。

© 2020　Minoru Asada
Printed in Japan
ISBN978-4-7649-0625-9
印刷・製本　中央印刷